细胞生物学
实验教程

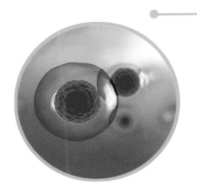

XIBAO SHENGWUXUE
SHIYAN JIAOCHENG

主 编： 张小萍　史晋绒

参编人员（排名不分先后）：

张小萍　史晋绒　孙丽娜　魏　静　王靖雪　代向燕　崔志鸿

魏　玲　冯全义　岳兴建　霍　静　洪锡钧　张　燕　李　影

张　涛　刘智浩　黄　科　黄元射

西南大学出版社
国家一级出版社　全国百佳图书出版单位

图书在版编目(CIP)数据

细胞生物学实验教程 / 张小萍, 史晋绒主编. -- 重庆:西南大学出版社, 2023.10(2024.11重印)

ISBN 978-7-5697-1900-0

Ⅰ.①细… Ⅱ.①张… ②史… Ⅲ.①细胞生物学—实验—高等学校—教材 Ⅳ.①Q2-33

中国国家版本馆CIP数据核字(2023)第181483号

细胞生物学实验教程

张小萍　史晋绒　主编

责任编辑:陈　欣
责任校对:朱春玲
特约校对:郑祖艺
装帧设计:闰江文化
排　　版:李　燕
出版发行:西南大学出版社(原西南师范大学出版社)
　　　　　网址:http://www.xdcbs.com
　　　　　地址:重庆市北碚区天生路2号
　　　　　邮编:400715
　　　　　电话:023-68868624
经　　销:全国新华书店
印　　刷:重庆亘鑫印务有限公司
成品尺寸:195 mm×255 mm
印　　张:9.75
插　　页:6
字　　数:236千字
版　　次:2023年10月　第1版
印　　次:2024年11月　第2次印刷
书　　号:ISBN 978-7-5697-1900-0
定　　价:48.00元

前言
PREFACE

细胞生物学是一门实验学科,实验教学在细胞生物学的整个教学环节中起着举足轻重的作用。本教程是在自编细胞生物学实验讲义的基础上,经过多年实验教学和教学改革实践修改编写而成的。希望本教材的出版能够在提高学生的综合素质、培养学生的创新精神与实践能力方面发挥作用。教程设计了细胞生物学的基础性实验和一定数量的综合性实验。基础性实验是经过精选的、最基本的、最代表学科特点的实验方法和技术,旨在帮助学生掌握相应学科的基本知识与基本技能,为综合性实验奠定基础。综合性实验由多种实验技术和多层次的实验内容所组成,主要培养学生对所学知识和实验技术的综合运用能力,使学生得到科学研究的初步训练,为毕业论文(设计)顺利完成和师范生实验教学能力培养提供支持。本教程综合性实验项目是以编者所在单位的教学与研究为基础,结合学生专业培养要求和学科发展方向而设计的,有一定局限性,使用者可根据自己的实际选用或者设计新的实验项目。

本教材编写人员所属单位包括西南大学、内江师范学院、陆军军医大学、重庆师范大学、长江师范学院、重庆文理学院、安顺学院。实验1,2,14,15,16,17,18,23,24,29由张小萍编写。实验3,31由代向燕编写。实验4,6,12,13,19,23,32由史晋绒、岳兴建、张燕编写。实验5,20,30由孙丽娜编写。实验7,8由霍静、洪锡钧编写。实验9,10由李影、张涛、刘智浩编写。实验11由黄科、黄元射编写。实验18由冯全义编写。实验21,26由王靖雪编写。实验22由魏玲编写。实验25由崔志鸿编写。实验27,28由魏静编写。

由于编者水平有限,教材中的不妥和疏漏之处在所难免,恳请读者提出批评和建议。编者在本书编写过程中参考了大量国内外同行的资料,得到了众多师长朋友的帮助,在此深表谢意!

目 录
C O N T E N T S

P art 1

第一部分

基础性实验

实验 1　普通光学显微镜的构造原理及使用方法 ……………………003

实验 2　相差显微镜的构造原理与使用方法 …………………………008

实验 3　荧光显微镜的基本使用方法及荧光染色 ……………………012

实验 4　普通光学显微镜标本的制作技术及苏木精-伊红染色法……017

实验 5　线粒体和液泡系的超活染色与观察 …………………………024

实验 6　叶绿体的分离纯化与荧光观察 ………………………………028

实验 7　甲基绿-派洛宁染色显示 DNA 和 RNA 在细胞中的分布……033

实验 8　福尔根(Feulgen)染色显示细胞中 DNA 的分布……………036

实验 9　多糖的显示——PAS 反应 ……………………………………040

实验 10　脂类的细胞化学染色 …………………………………………043

实验 11　酸性磷酸酶的显示 ……………………………………………046

实验 12　细胞骨架的光学显微观察 ……………………………………049

实验 13　细胞膜通透性观察 ……………………………………………052

实验 14　小鼠腹腔巨噬细胞吞噬现象的观察 …………………………057

实验 15　植物根尖细胞染色体标本制备 ………………………………061

实验 16　传代细胞培养及观察 …………………………………………065

实验 17　动物细胞冻存与复苏 …………………………………………072

实验18 MTT法测定细胞活力 ································· 075

实验19 动物细胞融合 ··························· 078

实验20 免疫细胞化学染色与观察 ··········· 082

实验21 ELISA法检测免疫小鼠血清特异性IgG抗体 ············· 086

实验22 HeLa细胞凋亡诱导与形态观察 ············ 089

$P_{art\ 2}$

第二部分

综合性实验

实验23 动物细胞染色体标本制备 ················· 097

实验23-附1 人体外周血淋巴细胞培养与染色体核型分析 ······ 101

实验23-附2 中华沙鳅的染色体核型分析 ············· 105

实验24 单克隆抗体的制备 ················· 109

实验25 小鼠睾丸支持细胞(TM4)波形蛋白及微管蛋白的检测 ······ 116

实验26 肝细胞株L02中NLRP3炎症小体活化检测 ············ 119

实验27 罗非鱼胚胎干细胞的分离、培养与鉴定 ·········· 125

实验28 白血病抑制因子对罗非鱼胚胎干细胞增殖的影响 ········· 131

实验29 鱼类腹腔细胞吞噬观察 ················· 135

实验30 核酸原位杂交显示卵巢和精巢差异表达基因 ············· 138

实验31 斑马鱼早期胚胎血细胞的染色及观察 ·········· 143

实验32 两种特有鱼类消化系统的组织学比较研究 ··········· 149

参考文献 ····································· 154

细胞生物学实验教程

XIBAO SHENGWUXUE SHIYAN JIAOCHENG

第一部分

基础性实验

　　现代显微镜可以分为两大类：一类是光学显微镜，另一类是非光学显微镜。这两类显微镜又可根据不同的情况分成若干类型。在生物科学研究中，除了一些简单的显微镜外，还有一些特殊类型的光学显微镜，如相差、暗视野、荧光、干涉、微分干涉相差显微镜等。它们都是在显微镜基本设计上发展出来的，是在基本设备上换用附设的专用组件或添加特殊专用装置，得到能实现各种用途的特殊类型显微镜。

实验1 | 普通光学显微镜的构造原理及使用方法

【实验目的】

（1）熟悉普通光学显微镜的主要结构和基本性能。

（2）掌握低倍镜、高倍镜和油镜的正确使用方法。

（3）初步了解光学显微镜的维护方法。

【实验原理】

普通光学显微镜（microscope）是最常用的一种光学显微镜，它由物镜、目镜、聚光器、光源、载物台和支架等部件组成。其中，聚光器用于调节显微镜的照明，物镜和目镜是使微小物体成像并将其放大的主要部件。其基本成像原理是：目镜、物镜、聚光镜各自相当于一个凸透镜，被检标本置于聚光镜与物镜之间，物镜可使标本在物镜的上方、目镜的下方形成一个倒立的放大实像；目镜将此倒立实像进一步放大，得到一个倒立的虚像，人眼通过目镜观察到的就是这个经过物镜和目镜两次放大的、倒立的虚像。

规范使用和调试普通光学显微镜是细胞生物学实验的重要内容，也是获得好的实验结果的基础。

【实验用品】

1.主要实验材料

动植物组织、细胞或微生物的永久或临时装片。

2.主要实验器具

普通光学显微镜、擦镜纸。

3.主要实验试剂

香柏油、二甲苯。

【方法与步骤】

◆(一)普通光学显微镜的基本结构

普通光学显微镜的构造可分为两部分:机械装置和光学系统。机械装置包括:镜座、镜臂、镜筒、转换器、载物台、推动器、粗调焦螺旋和细调焦螺旋等部件。光学系统由目镜、物镜、聚光镜、光源、滤光片、虹彩光圈等组成。部分结构详见图1-1。

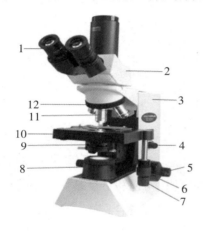

图1-1 | 普通光学显微镜的构造

1.目镜;2.镜筒;3.镜臂;4.亮度调节旋钮;5.细调焦螺旋;6.粗调焦螺旋;7.标本移动旋钮;8.光源;9.聚光器;10.载物台;11.物镜;12.转换器。

◆(二)普通光学显微镜的使用

1.取镜和安放

取、放显微镜时应一手握住镜臂,一手托住镜座,使显微镜保持直立、平稳。切忌用单手拎提。台面和凳子的高度要适当。显微镜放在自己身体的左前方,离桌子边缘约10 cm,右侧可放记录本或绘图纸。镜检者姿势要端正。镜检时,即便用单目显微镜,也须两眼同时睁开,用左眼观察,右眼绘图或记录。如一只眼睁,一只眼闭,眼睛容易疲劳,无法久看。工作时间较长时,可两眼轮流观察。

2.光学系统的安装

对新购或已经卸掉光学系统部件的显微镜,使用前必须先将光学系统安装起来。安装时,为了防止向下掉灰尘,应按照先上后下的顺序,即按照目镜、物镜、聚光镜的顺序来安装。安装物镜时,应先将镜筒升高或载物台下降,使转换器与载物台之间保持一定的距离。然后,握住物镜,把它放入转换器的螺丝口处,先略向逆时针方向旋转,待物镜配上丝纹后,再按顺时针方向旋入,旋至中等松紧程度即可。安装物镜时,应根据物镜的放大倍数,从小到大顺时针安装。转换物镜时,不要用手推着物镜旋转,那样会使物镜的光轴歪斜,应该转动转换器。目镜和物镜装好后,再将聚光镜插入载物台下面的聚光镜支架内。插入的高度应使聚光镜升至最高时,聚光镜上透镜的端面稍低于载物台的平面,以免载玻片与聚光镜的镜头相碰。然后,将固定螺丝旋紧。对非电光源的显微镜来说,最后要把反射镜插入聚光镜下面的插孔内。

3.孔径光阑的调节

物镜上标有数值孔径(numerical aperture,NA),它反映该镜头分辨率的大小,其数值越大表示分辨率越高。聚光镜的数值孔径应与物镜的数值孔径相匹配,这样才能提高图像的分辨率,通常低数值孔径的物镜应匹配低数值孔径的聚光镜,高数值孔径的物镜(油镜)应匹配高数值孔径的聚光镜。孔径光阑的作用就是用来调节聚光镜的数值孔径。一般来说,调节孔径光阑使聚光镜的数值孔径等于物镜数值孔径的60%~80%。因此,在使用显微镜的过程中,当转换物镜对标本进行观察时,往往需要调节孔径光阑。

4.校正光轴

目前显微镜普遍采用柯勒照明方式,这是一种最佳的中心亮视野照明方法。显微镜是共轴光学系统,因此安装好显微镜后必须进行合轴调整。校正光轴的意义在于使物镜、目镜、聚光镜的主光轴和可变光阑的中心点重合在一条直线上,所以又叫作合轴调节或中心调节。如果光轴歪斜,会使像差增大,分辨率和清晰度都要下降。通常,现代显微镜的光源合轴调节在显微镜安装调试中已经完成,本实验重点介绍聚光镜的调节。

(1)调出清晰的多边形:将视场光阑和孔径光阑调到最小的状态,如果显微镜的状态正确,此时在视野中应该可以看到一个边缘清楚的多边形。如果看到的是一个边缘模糊的多边形,则说明光路中的聚光镜上下位置不准确。此时转动聚光镜的上下调节旋钮,使聚光镜缓慢上升或下降,直到视场中形成一个边缘清晰的多边形。有时如果找不到多边形,可以将视场光阑稍微放大,在稍亮的情况下就可以找到。

(2)多边形调到正中心:视野中的多边形的正确位置应该是在视野的正中心,如果不在正中心,说明光路有偏移,需要调节聚光镜对中螺钉,即两个银色的旋钮,使多边形在视野的中心。

(3)多边形调成内接:将视场光阑慢慢放大,当多边形正好内接于视场的时候,就是视场光阑的最佳工作位置。这样聚光镜的光轴调到了与照明光路以及成像光路的光轴合轴的状态。调节好后,日常使用中不要随意调节对中螺钉!

5.样本的观察

(1)调节光照:打开电源开关,通过调节电压旋钮来调节显微镜的光照强弱。为了延长电源灯泡使用寿命,显微镜电源开启前或关闭前,电压旋钮都应调节到最小值处。

(2)调节目镜间距:打开显微镜电源后,调节两个目镜之间的距离,直至双眼观察时,左、右两眼视场像合二为一。

(3)低倍镜观察:将标本放在载物台上,用标本夹夹住,调节标本移动旋钮,使观察的目的物处于物镜的正下方。从显微镜侧面注视物镜镜头,同时旋转粗调焦螺旋,使载物台缓慢上升(或镜筒缓慢下降),当低倍镜的镜头与标本间的距离约为5 mm时,再从目镜里观察视野,慢慢转动粗调焦螺旋,使载物台缓慢下降(或镜筒缓慢上升),直至视野中出现物像为止。如物像不太清晰,可转动细调焦螺旋,使物像达到最清晰为止。通过标本移动旋钮慢慢移动玻片,认真观察标本各部分,找到合适的目的物,仔细观察并记录所观察到的结果。如果按上述操作步骤仍看不到物像,可能由以下原因造成:①转动调焦螺旋太快,应按上述步骤重新调节。②物镜没有对正,应对正后再观察。③标本没有放到视野内,应移动标本寻找观察对象。④光线太强,尤其是观察比较透明的标本或没有染色的标本时,易出现这种现象,应将光线调暗一些后,再观察。

(4)高倍镜的使用:使用高倍镜前,必须先用低倍镜观察,发现目的物后将它移至视野正中处,然后再转动转换器切换至高倍镜。如果高倍镜有触及玻片的趋势,则应立即停止切换,这说明原来在低倍镜下并没有调准,目的物并没有真正找到,必须用低倍镜重新调节。如果高倍镜下观察目的物有点模糊,调节细调焦螺旋,直到视野清晰。调节细调焦螺旋时要注意旋转方向与载物台(镜筒)上升或下降的关系,防止镜头与玻片强力接触,损坏镜头或玻片。

(5)油镜的操作:如果用高倍镜目的物未能看清,可用油镜。先用低倍镜和高倍镜检查标本,将目的物移到视野正中。在玻片上滴一滴香柏油,将油镜移至正中,缓慢调节粗调焦螺旋使油镜镜头浸没在油中,刚好贴近玻片。然后再用细调焦螺旋微微调节(切忌用粗调焦螺旋)即可。油镜观察完毕,用擦镜纸将镜头上的油揩净,另用擦镜纸蘸少许二甲苯揩拭镜头,再用擦镜纸揩干。(应特别注意不要因在上升载物台/下降镜头时用力过猛,或者调焦时误将粗调焦螺旋向反方向转动而损坏镜头及玻片。)

(6)换片:观察完一个标本后,如果想要再观察另一标本,须先将高倍物镜(油镜)切换回低倍物镜,取出标本,换上新片,即可观察。千万不可在高倍物镜(油镜)下换片,以防损坏镜头。

(7)显微镜使用后的整理:观察结束后,调节光源到最小,再关掉电源开关。调节粗调焦螺旋,使载物台下降到最低(或镜筒上升到最高),取下玻片,擦干净镜体,罩上防尘罩,然后放回原处。

【注意事项】

(1)油镜使用完毕,先用擦镜纸擦去镜头上的油,再取一张擦镜纸,滴上少量的二甲苯擦拭,然后再取一张擦镜纸将镜头上残留的二甲苯擦净,否则粘固透镜的胶质会被二甲苯溶解,日久镜片易移位脱落。

(2)用绸布将镜身擦拭干净(切不可用手擦拭),除去灰尘、油污、水汽,以免生锈长霉。

(3)使显微镜的各部件恢复原位,下降载物台(或上升镜筒),转动转换器使物镜呈"八"字形,然后将显微镜送回镜箱中。

(4)显微镜应存放在干燥阴凉的地方,不要放在强烈的日光下久晒,梅雨季节应在显微镜箱内放置干燥剂(硅胶),如长时间不用,则光学部分应卸下并放在干燥器中,以免受潮生霉。

(5)显微镜应严禁与挥发性药品或腐蚀性药品放在一起,如碘片、盐酸、硫酸等药品。

实验2 | 相差显微镜的构造原理与使用方法

【实验目的】

掌握相差显微镜的原理、用途和使用方法。

【实验原理】

◆(一)相差显微镜的主要部件

1. 相差聚光器

相差聚光器由聚光镜和环状光阑(annular diaphragm)构成。环状光阑是一种特殊的光阑装置,是直径不同的环状通光孔,不同规格的通光孔(即环状光阑)装配在一个可旋转的转盘上,按需要调转使用。(见图2-1)

2. 相差物镜(phase contrast objective lens)

相差物镜是相差显微镜特有的重要装置。在相差物镜内的后焦面上装有种类不同的相板。相板分为共轭区和并协区(见图2-2),可造成视场中被检样品影像与背景不同的明暗反差。物镜根据明暗反差可区分为两大类,即明反差(B)或负反差(N)物镜和暗反差(D)或正反差(P)物镜。镜头外部标示有"PH""NH""NM"等符号。

图2-1 | 相差聚光器

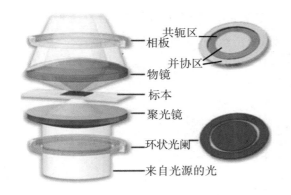

共轭区
相板
并协区
物镜
标本
聚光镜
环状光阑
来自光源的光

图2-2 | 相差显微镜主要结构

3. 合轴调节望远镜(centering telescope)

合轴调节望远镜简称CT,又名合轴调中目镜。它可进行升降调节,具有较长的焦距。镜筒较长,其直径与观察目镜相同。相差显微镜使用时,聚光器上的环状光阑与相差目镜必须匹配,且环状光阑的环孔与相差物镜相板共轭区的环孔在光路中要准确合轴,并完全吻合或重叠,以保证直射光和衍射光各行其路,使成像光线的相位差转变为可见的振幅差。但是,镜体的光路中前述两环孔的影像较小,一般目镜难以辨清,不能进行调焦与合轴的操作,借助合轴调节望远镜可将环状光阑的环孔(亮环)与相差物镜相板的共轭区环孔(暗环)调中合轴。

4. 绿色滤色镜(green filter)

相差物镜的种类,从色差消除情况来分,多属消色差物镜(achromatic objective lens)或PL物镜,使消色差物镜成像效果最佳的光源的光谱区为510~630 nm。欲提高相差显微镜的性能,最好以波长范围小的单色光照明,即以使物镜成像效果最佳的相应波长的光线进行照明。所以,使用相差物镜时,在光路上加用透射光线波长为500~600 nm的绿色滤色镜,使照明光线中的红光和蓝光被吸收,只透过绿光,可提高物镜的分辨能力。该滤色镜兼有吸热的作用,以利于活体观察。

◆(二)相差显微镜的构造原理

相差显微镜用较强的光作为光源,来自光源的直射光到达标本面时,可以发生衍射,衍射光比直射光相位延迟约$\lambda/4$,直射光通过环状光阑,在物镜后焦面形成光环,而衍射光在此不能聚焦。因此,直射光和衍射光在后焦面被分开,相差物镜的后焦面装有相板,相板的共轭区和并协区,可以分别涂上延迟相位的物质,直射光通过相板共轭区,衍射光通过并协区。如果是共轭区涂上延迟相位的物质,则直射光的相位被延迟$\lambda/4$,这时直射光与衍射光的相位相同,发生相长干涉,使合成波的振幅比直射光振幅大,这时合成波形成的物像比背景亮,这就是明反差。如果在并协区涂上延迟相位的物质,使衍射光的相位再延迟$\lambda/4$,则发生相消干涉,合成波比直射光的振幅小,这样物像比背景暗,这叫暗反差。(见图2-3)

相差方法应用于生物学上的主要价值,在于它能对透明的活体进行直接观察,无须采用使细胞致死的固定和染色的方法(染色给活体以有害的影响,还可能导致观察失真)。

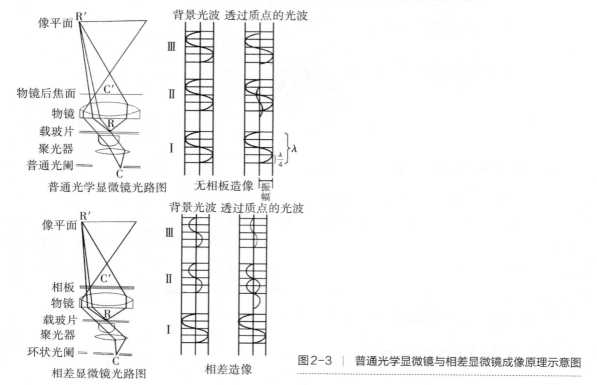

图2-3 │ 普通光学显微镜与相差显微镜成像原理示意图

【实验用品】

1.主要实验材料

细菌、草履虫、紫鸭跖草花丝表皮毛细胞等的临时装片。

2.主要实验仪器

普通光学显微镜、德国蔡司(Carl Zeiss)相差显微镜、日本奥林巴斯(Olympus)相差显微镜等。

【方法与步骤】

1.教师介绍相差显微镜的结构和演示操作

(1)普通光学显微镜和相差显微镜的对比介绍。

(2)相差装置的安装。

(3)聚光器调中。聚光器调换安装后,要进行合轴调中,使聚光器的光轴与显微镜的主光轴合一。

（4）相板共轭区环孔与环状光阑环孔的合轴调节。

（5）观察记录实验结果。

2.学生操作

（1）制片：制作细菌、草履虫、紫鸭跖草花丝表皮毛细胞等的临时装片各1张，注意临时装片上液层要薄。

（2）调试相差显微镜：安装好标本，调好照明光强度，聚光器转盘旋到"0"，调焦使标本清晰。根据镜头倍数，选好相应大小的环状光阑，取下目镜，插入合轴调节望远镜。旋转望远镜目镜，使能清楚看到亮环和暗环。亮环为环状光阑透光区的像，暗环为相板的共轭区。如果环状光阑环孔的大小与相板共轭区环孔的大小不完全一致，升降聚光器，使之一致。旋动合轴调节旋钮，使亮环与暗环重合。

（3）观察装片标本，并比较在普通光学显微镜和相差显微镜下，以及不同相差物镜下的观察效果。（见彩图2-I）（本书彩图见插页）

（4）记录实验结果。

【注意事项】

（1）用相差显微镜观察时一定要注意旋转聚光器，调到和物镜匹配的位置，很多人容易忘，或根本不知道要旋转聚光器。

（2）标本的制作：无论是活体标本还是固定染色标本，均不宜制作得过厚，否则会影响图像的清晰度。

（3）盖玻片和载玻片：欲观察的标本一定要加盖盖玻片，载玻片的厚度不宜过厚或过薄，一般要求其厚度为1.0 mm左右，过厚或过薄均影响相板中亮环的大小。做相差显微镜镜检也不宜用凹载玻片，因凹载玻片各部分的光程不一致。

思考题

相差聚光器和合轴调节望远镜的作用是什么？

实验3 荧光显微镜的基本使用方法及荧光染色

【实验目的】

(1)了解荧光显微镜的基本原理。

(2)掌握荧光显微镜的基本结构和使用注意事项。

(3)学会血涂片的制作、荧光染色及观察。

【实验原理】

1.荧光现象及荧光显色

当特定波长(激发波长)的光照射一个分子(如荧光团中的分子)时,光子能量被该分子的电子吸收。物质分子外层的电子吸收光能后分子由基态跃迁到激发态,当分子离开激发态再回到基态时把多余的能量以波长较长的光的形式发射出来,这叫荧光现象。荧光显微镜是利用荧光特性进行成像、观察的光学显微镜,广泛应用于细胞生物学、神经生物学、植物学、微生物学、病理学、遗传学等各领域。

有些生物标本(如含有大量的叶绿素、纤维素、木质素、芳香族氨基酸的生物样品等)受到紫外光照射后可以直接发出荧光,我们把这种荧光现象叫作自发荧光。细胞中大部分分子不会自发产生荧光,想要观察它们,必须进行荧光标记,我们将此称为次生荧光。次生荧光的标记方式主要分为直接荧光标记和间接荧光标记。直接荧光标记法是指直接用荧光标记物(荧光探针)标记要检测的生物组织和细胞内的物质[比如使用DAPI(4′,6-二脒基-2-苯基吲哚)标记DNA]。间接荧光标记法不直接标记,需要借助于其他手段,如利用抗体-抗原结合特性进行免疫染色,也可以用绿色荧光蛋白(GFP)与目标蛋白融合等。我们在表3-1中总结了几种常用的荧光染料。

表 3-1　几种常用的荧光染料

荧光染料	激发波长/nm	发射波长/nm	应用
溴化乙锭(EB)	302	600	DNA 和 RNA(凝胶检测)
4′,6-二脒基-2-苯基吲哚(DAPI)	372	456	DNA(固定后的死细胞)
Hoechst 33258	365	465	DNA(活细胞)
异硫氰酸荧光素(FITC)	490	525	结合抗体蛋白(免疫荧光)
吖啶橙(AO)	490	590	DNA 和 RNA
碘化丙啶(PI)	535	620	DNA
Cy3	552	565	标记抗体
四甲基异氰酸罗丹明(TRITC)	550	620	结合抗体蛋白

2.荧光显微镜的主要部件和工作原理

荧光显微镜的最主要特点是两镜一体,即具有普通光学显微镜和荧光显微镜的双重身份。荧光显微镜分为透射式和落射式两种类型,其激发光光源为高亮度的全色光,激发光光源通过滤片组件装置到达标本。如图 3-1 所示是落射式荧光显微镜,也是我们常用的类型。

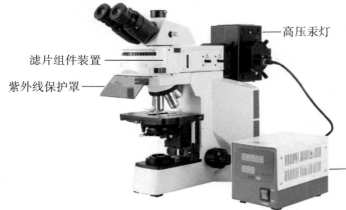

高压汞灯

滤片组件装置

紫外线保护罩

激发光光源　图3-1 │ 落射式荧光显微镜的结构

荧光滤片组件是显微镜荧光成像的核心部件,由激发滤片、双光束分光反射镜和压制滤片三部分组成,安装在滤片转轮里。如彩图 3-I 所示,激发滤片通过可激发样品的相应波长范围的激发光,阻挡其他波长的光。通过激发滤片的光经过双光束分光反射镜(其作用是反射激发光和透射荧光)反射后通过物镜聚焦,照射到样品上,激发出对应的荧光即发射光,发射光被物镜收集,再透过双光束分光反射镜,到达压制滤片。如彩图 3-I 中,波长为 450~490 nm 的激发光通过激发滤片,双光束分光反射镜反射波长短于 510 nm 的光、透过波长长于 510 nm 的光,发射光中通过压制滤片的光波长范围为 520～560 nm。

3.荧光显微镜的应用

目前荧光显微镜已成为各个实验室及成像平台的标配成像设备,是我们日常实验的好帮手。荧光成像具有高灵敏度和高特异性的优点,非常适合进行特定蛋白、细胞器等在组织及细胞中的分布的观察,共定位和相互作用的研究,离子浓度变化等生命动态过程的追踪,等等。荧光显微镜主要分为三大类:正置荧光显微镜(适合切片观察)、倒置荧光显微镜(适合活细胞,兼顾切片的观察)、荧光体视镜[适合较大的标本,如植物、斑马鱼(成体/胚胎)、青鳉、小鼠/大鼠器官等]。

【实验用品】

1. 主要实验材料

水绵、秋葵花粉颗粒、百合花粉颗粒、兔血、鸡血等。

2. 主要实验器具

荧光显微镜、载玻片、盖玻片、滴管、镊子、擦镜纸等。

3. 主要实验试剂

0.01%吖啶橙溶液、pH=6的磷酸缓冲液、福尔马林等。

【方法与步骤】

1.教师演示

教师讲解荧光显微镜的结构,然后演示操作。

2. 学生操作

(1)制备装片。

制作水绵、秋葵花粉颗粒、百合花粉颗粒等的临时装片各一张。制作兔血涂片和鸡血涂片各一张(见图3-2),置于福尔马林蒸气中固定10～15 min,以0.01%吖啶橙染色3 min,置pH=6的磷酸缓冲液中漂洗1 min,烘干。

(2)在普通照明下调焦,观察。

(3)在荧光显微镜下观察自制的装片,并记录。

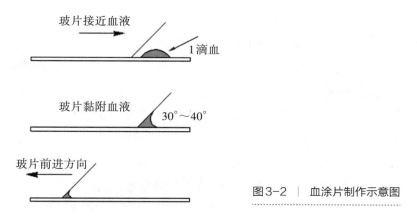

图3-2 血涂片制作示意图

【实验结果】

在荧光显微镜下观察制作好的标本所呈现出的自然色、B激发荧光或G激发荧光所激发出的荧光颜色,并将观察到的结果填于表3-2中。注意观察并区分各种不同类型细胞以及不同细胞结构所呈现出的不同荧光的差异性。

表3-2 观察结果记录表

材料	自然色	B激发荧光激发出的荧光颜色	G激发荧光激发出的荧光颜色
水绵			
秋葵花粉颗粒			
百合花粉颗粒			
兔血涂片			
鸡血涂片			

【注意事项】

(1)汞灯:荧光显微镜需要高亮度的全色光作为激发光源,所以使用特制的汞灯。汞灯会释放巨大的热量,因此,在使用荧光显微镜的过程中,不要触摸汞灯灯室,以免灼伤。同时,不要用显微镜罩、书本、衣物等遮盖灯室,关机后需要等灯室温度降下来再罩上显微镜罩。亮起的灯泡可能造成眼底灼伤,所以不能用眼睛直视亮起的灯泡。此外,汞灯灯泡价格昂贵且寿命有限,标本应集中检查,以节省时间,保护光源。由于开关次数同样与灯泡的寿命直接相关,在关掉公用的荧光显微镜的光源以前应确认已无他人需要继续使用。天热时,应加电扇散热降温。新换灯泡应从开始就记录使用时间。一般来讲,激发光光源启动至少20 min后才能关闭,以保护灯泡;关闭后须间隔20 min方可重新开启光源。

（2）荧光猝灭：在荧光显微技术中，所有的荧光标记物都会发生猝灭现象。它表现为荧光信号在最初开启激发的时候较强，明显易见，随着观察时间（激发光照射时间）的延长，信号会逐渐减弱甚至完全消失。首先，荧光信号的猝灭程度与激发光的照射时间成正比，因此应尽量减少观察时间外激发光对样品的照射。在荧光显微镜的光路上有一个激发光挡片，可以部分或完全阻断激发光光路。在正式观察样品之前，激发光光路应该处于完全阻断状态。当眼睛离开物镜进行记录或将显微镜交给合作者观察时，要随手阻断激发光光路。另外，荧光信号的猝灭速度还与激发光的强度成正比，因此，在可以观察到荧光信号的情况下应该尽量降低激发光的强度。

（3）严格按照荧光显微镜说明书要求进行操作，不要随意改变软件和硬件程序。

（4）防止紫外线对眼睛的损害，必要时在调整光源时应戴上防护眼镜。

（5）荧光亮度的判断标准。一般分为四级："一"表示无或可见微弱荧光；"＋"表示仅能见明确可见的荧光；"＋＋"表示可见有明亮的荧光；"＋＋＋"表示可见耀眼的荧光。

（6）固定液应选择不产生荧光的福尔马林或乙醇。

思考题

（1）根据你的观察，荧光显微镜和普通光学显微镜除了使用同一个镜架以外，还共用哪些部件？

（2）一台高质量的荧光显微镜在要求荧光信号充分明亮的同时，还需要没有信号的视野充分黑暗。请问视野的充分黑暗是怎样实现的？

实验4 | 普通光学显微镜标本的制作技术及苏木精–伊红染色法

【实验目的】

了解普通光学显微镜标本制作技术的基本方法和步骤。

【实验原理】

使用普通光学显微镜研究生物体的内部结构,在自然状态下一般是无法做到的,多数动植物材料都必须经过某些处理,将组织分离成单个细胞或者制备成薄片,这样光线才能透过细胞。为了方便观察、研究细胞内部的形态结构,就形成了普通光学显微镜标本制作技术。

普通光学显微镜标本的制作首先要保证生物材料的天然状态,避免变形、失真。新鲜的生物材料可用简单的方法做成临时装片进行观察,但为了长期保存以备后续观察,常须按一定步骤制成永久装片。

普通光学显微镜标本的制片技术方法可分为两大类:一类是非切片法,另一类是切片法。

非切片法一般包括整体封片法、涂片法、压片法以及分离法等。非切片法的操作比较简单,能保持细胞的完整性,但因操作过程中细胞间的正常位置被更动,无法反映细胞之间的正常联系,一般用于单细胞、微小生物体或易分散的组织。

切片法是利用锋利的刀具将组织切成薄片,再经过一系列复杂工序处理,能较好地保留细胞的原貌以及反映细胞之间的正常相互关系,是普通光学显微镜标本的主要制片方法。切片法可以分为石蜡切片法和冷冻切片法等。

石蜡切片法是最常用的显微镜标本制片技术,它适用于一般生物材料,被广泛应用于组织学和组织病理学的研究和临床检测中。石蜡切片技术以石蜡为支持物,使其渗入细胞内部起到支撑作用,并将整个组织块包裹住,然后再用精密切片机制作切片。一般包括样品的取材、固定、脱水、包埋、切片、展片、贴片、透明、染色、封片等步骤。

　　冷冻切片法是在低温条件下使组织快速冷冻到一定的硬度,然后进行切片的一种方法。因其制作过程较石蜡切片相对简单、快捷,常应用于快速病理诊断。

【实验用品】

1.主要实验材料

　　动物肝脏组织、石蜡。

2.主要实验器具

　　脱水机、包埋机、石蜡切片机、展片机、冷冻切片机、烘箱、载玻片、盖玻片、解剖刀、单面刀片、解剖剪、眼科镊、固定瓶、包埋盒或牛皮纸、培养皿、毛笔、染缸、吸水纸、擦镜纸等。

3.主要实验试剂

　　(1)生理盐水:将一定量的 NaCl 溶于蒸馏水中制成,不同动物的组织适用的生理盐水浓度不同。

　　(2)波恩氏固定液:75 份苦味酸饱和水溶液+25 份 40% 甲醛+5 份冰乙酸。

　　(3)卡诺氏固定液:取无水乙醇 60 mL、氯仿 30 mL、冰乙酸 10 mL 混合均匀即可,现配现用。

　　(4)各种浓度乙醇:用无水乙醇或 95% 乙醇配制。

　　(5)50% 二甲苯[①]:等体积二甲苯和无水乙醇的混合物。

　　(6)50% 石蜡:等体积二甲苯和石蜡的混合物。

　　(7)蛋白甘油:将鸡蛋钻孔,轻轻分离蛋白(千万不可混入蛋黄)于小烧杯中,用干净玻璃棒持续搅拌将其打成浓厚的白色泡沫状,倒入量筒中,缓慢除去上层白沫,加入等体积甘油,并加入一小粒麝香草酚防腐,小瓶分装储存备用。

　　(8)12.5% 或 25% 明胶溶液:用明胶和 1% 苯酚水溶液配制而成。

　　(9)10% 甲醛溶液:取 10 mL 甲醛和 90 mL 蒸馏水,混匀即可。

　　(10)铬矾明胶:先将 0.5 g 明胶溶于 60 mL 左右的蒸馏水中,边加温边搅拌至明胶完全溶解后,再加入铬矾 0.05 g,蒸馏水定容至 100 mL。如有残渣,应过滤后使用。将清洁的载玻片置于制备好的铬矾明胶液体中浸泡数分钟后,40 ℃烘干备用,可防止脱片。

　　(11)苏丹黑B染色液。①贮存液:取 0.3 g 苏丹黑B溶于 100 mL 无水乙醇中。②缓冲液:将 16 g 苯酚溶于 30 mL 无水乙醇中,与 100 mL 质量浓度为 3 g/L 的磷酸二氢钠溶液混合,过滤,可使用数周。③染色液:取 60 mL 贮存液与 40 mL 缓冲液混合,过滤,可使用数周。

---

①为了实验教学的方便,本书中自配溶液的浓度标示采用实验室实际操作中常用的方法,其百分比多数可在配制过程中体现其意义,如此处的 50% 指体积分数。如无具体配制过程,原溶质为液体、气体时百分比一般指溶质的体积分数,原溶质为固体时百分比一般指将终溶液密度近似为 1×10^3 kg/m³ 时溶质的质量分数。

(12)甲醛-钙溶液:取甲醛10 mL、氯化钙2 g,溶于90 mL蒸馏水中。

(13)苏木精染色液:取1 g苏木精加入煮沸的1 L蒸馏水内,搅拌使其充分溶解后,依次加入50 g硫酸铝钾、0.2 g碘酸钠使之充分溶解,最后加入50 g水合氯醛和1 g柠檬酸。加热煮沸5 min,冷却后过滤使用。

(14)伊红乙醇溶液:取1 g伊红溶于100 mL 95%乙醇中即可。

(15)1%酸溶液:取浓盐酸1 mL、蒸馏水99 mL,混匀即可。

(16)碱溶液:0.1%氨水或0.01 g/mL碳酸锂溶液。

【方法与步骤】

◆(一)石蜡切片法

1.取材

将动物麻醉后用锋利的刀、剪迅速剖开其胸腹腔,取下所需组织,放入盛有生理盐水的培养皿中洗去表面血迹,吸去多余水分。

2.固定

将组织块修整成大小约为5 mm×5 mm×2 mm(长×宽×高)后,立即投入盛有固定液的固定瓶中,波恩氏固定液固定24 h或卡诺氏固定液固定4 h。

3.冲洗

波恩氏固定液固定好的材料可以水洗后或不经水洗直接放入70%乙醇开始脱水步骤或者长期保存。卡诺氏固定液固定好的材料可直接放入90%乙醇中开始脱水步骤或者依次浸入90%乙醇、80%乙醇、70%乙醇各10 min,于70%乙醇中长期保存。

4. 脱水

用脱水机将材料依次浸入70%乙醇、85%乙醇、95%乙醇Ⅰ、95%乙醇Ⅱ、100%乙醇Ⅰ、100%乙醇Ⅱ中进行脱水,各10 min。

5.透明

继续用脱水机将材料依次浸入50%二甲苯、100%二甲苯Ⅰ、100%二甲苯Ⅱ中进行透明,各30 min。

6.浸蜡

将透明好的材料依次浸入60 ℃的50%石蜡、纯石蜡Ⅰ、纯石蜡Ⅱ中,各45 min至1 h。

7.包埋

准备现成的包埋盒或用牛皮纸根据材料的大小和多少折成合适大小的纸盒。包埋时先将包埋盒内盛满60 ℃的纯石蜡,然后用镊子将材料轻轻移入盒内,根据切片需要调整好材料的位置,置于冷冻台上使其凝固,待石蜡块内部完全凝固后即可切片。

8. 切片

将包埋有材料的蜡块固定在石蜡切片机上,用单面刀片将切割面修整成合适大小,进行连续切片,切片厚度一般为5～8 μm。

9.展片

在洁净的载玻片上均匀涂上一层薄的蛋白甘油,然后在涂层上滴数滴蒸馏水,用单面刀片事先将蜡带切成小段,用镊子小心将蜡带正面朝上夹到水滴上使其漂浮,然后把玻片放到提前设置好温度(50 ℃左右)的展片机上。此时蜡带因受热膨胀从而拉动其中的组织材料展开,用镊子及时调整蜡带的位置使其美观,直至蜡带完全展开后,吸去多余水分,放置在展片板上。

10. 干燥

将展片板置于37 ℃烘箱中干燥24 h,备用。

◆(二)冷冻切片法

1. 取材

一般将新鲜组织切成宽10 mm,厚3～5 mm的组织块,材料修整后可不加任何处理直接投入液氮中快速冷冻,然后进行切片。也可以将材料放入冷冻切片包埋剂中经液氮速冻形成速冻包埋块后置于−80 ℃冰箱中保存备用,或经固定液固定后置于70%乙醇中保存备用。

2. 切片

新鲜组织和速冻组织的切片及后续处理过程相同,与经过固定的组织不同。冷冻切片机须在切片前2 h将温度调至切片温度−20 ℃。

新鲜组织放入包埋剂中,置于冷冻切片机的速冻台上速冻至−20 ℃。经液氮速冻的组织从−80 ℃冰箱取出后置于−20 ℃冰箱中平衡温度。固定好的组织须充分水洗至少24 h,去除材料中的组织液,接着浸入12.5%明胶溶液,置于37 ℃培养箱中浸泡24 h,转移至25%明胶溶液中再浸泡24 h,放入10%甲醛溶液中固定明胶1～2 d,水洗。最后,调整好冷冻切片机,将材料固定在切片机的材料推进器上,开始切片。切片厚度一般为8～10 μm。

3. 贴片

用涂有铬矾明胶的载玻片正面朝下轻轻接触切片材料,由于切片温度较低(−20 ℃)而载玻片温度较高(室温),材料会立即粘到玻片上。

4. 干燥

将玻片在空气中(室温)放置5 min,使其自然晾干。

5. 固定

将晾干的切片放入甲醛-钙溶液中固定10 min。

6. 漂洗

蒸馏水漂洗2次,换70%乙醇漂洗1次。

7. 染色

新鲜组织和速冻组织的切片因实验周期短,利于保存蛋白的免疫原性,常用于原位杂交实验和免疫标记,也可用苏丹黑B染色液染色10 min。(固定过的材料用苏木精染色法染色5～15 min,自来水漂洗,伊红复染1 min,脱水、透明和封片操作同石蜡切片染色后续内容。)

8. 分色

用70%乙醇分色5～10 s,然后水洗。

9. 复染

如需要可用伊红乙醇溶液复染。

10. 封片

水洗后,用甘油明胶封片。

◆(三)苏木精-伊红染色法

通常后续的染色步骤都是一次性完成,中间不间断。一般包括脱蜡、复水、染色、透明与封片等过程。

1. 脱蜡

将烘干的切片置于染色缸中,分别浸于100%二甲苯Ⅰ和100%二甲苯Ⅱ中各30 min以脱蜡。

2. 复水

将脱蜡后的切片依次浸入50%二甲苯、100%乙醇Ⅰ、100%乙醇Ⅱ、95%乙醇、80%乙醇、70%乙醇、50%乙醇、30%乙醇中各2 min,最后在水龙头下用细小流水倾斜冲洗1 min。(不可直接对着材料冲洗!)

3. 染色

苏木精染色5~15 min,自来水漂洗。

4. 分色

1%酸溶液分色30 s,漂洗2次。(根据实际情况取舍此步)

5. 中和

碱溶液中和30 s,自来水冲洗30 min使其返蓝。(不分色则省略此步)

6. 脱水与复染

将切片依次浸入70%乙醇、80%乙醇、90%乙醇、95%乙醇Ⅰ中各5 min,进行脱水,然后浸入伊红乙醇溶液复染30 s至1 min,再依次浸入95%乙醇Ⅱ、100%乙醇Ⅰ、100%乙醇Ⅱ中各5 min,继续脱水。

7. 透明

依次浸入50%二甲苯、100%二甲苯Ⅰ、100%二甲苯Ⅱ中各10 min。

8. 封片

用中性树胶封片。

【实验结果】

在普通光学显微镜下,观察使用石蜡切片法和(经过固定的组织)使用冷冻切片法,经苏木精-伊红染色后的装片,可以看到不同类型的细胞形态。其中,石蜡切片法所制装片显示细胞核呈蓝紫色,细胞质呈红色,如彩图4-I。

【注意事项】

(1)苏木精染色的时间要根据染液的已使用时间和染色时的温度而定。染液使用越久,着色能力越差,染色时间越长;温度越低,染色时间越长。

(2)用碱溶液中和后的水洗时间较长,是为了充分洗掉碱溶液和浮色,并使酸化的苏木精充分返蓝,使制好的切片标本长期保存不变色。

思考题

?

(1)运用所学知识分析切片时组织材料破碎的原因。

(2)试分析切片过程中蜡带不能连续成带的原因。

实验5 ｜ 线粒体和液泡系的超活染色与观察

【实验目的】

（1）观察动植物活细胞内线粒体、液泡系的形态数量与分布。

（2）学习并掌握线粒体和液泡系的超活染色技术。

【实验原理】

活体染色是指使活的有机体的细胞或组织着色但又对其无毒害的一种染色方法。它的目的是显示活细胞内的某些结构，而不影响细胞的生命活动，也不引起细胞的死亡。活体染色技术可用来研究生活状态下的细胞的形态结构和生理、病理状态。

根据所用染色剂的性质和染色方法的不同，通常把活体染色分为体内活染与体外活染两类。体内活染是将胶体状的染料溶液注入动、植物体内，染料的胶粒固定、堆积在细胞内某些特殊结构上，达到易于识别的目的。体外活染又称超活染色，它是从活的动、植物体分离出部分细胞或组织小块，以染料溶液浸染，染料被选择固定在活细胞的某种结构上而显色。活体染料之所以能固定、堆积在细胞内某些特殊的结构上，主要是因为染料的电化学特性起了重要作用。碱性染料的胶粒表面带阳离子，酸性染料的胶粒表面带阴离子，而被染色的结构本身则带有阴离子或阳离子，这样，它们彼此之间就发生了吸引作用。不是所有染料都可以作为活体染色剂，应选择那些对细胞无毒性或毒性较小的染料，而且一般要配成较稀的溶液来使用。一般碱性染料最为适用，可能因为它具有溶解于类脂质（如卵磷脂、胆固醇等）的特性，易于被细胞吸收。詹纳斯绿B（Janus green B）和中性红（neutral red）是活体染色剂中最重要的两种碱性染料，对于线粒体和液泡系的染色各有专一性。

线粒体是细胞内重要的细胞器，线粒体内膜上分布有细胞色素氧化酶，该酶能使詹纳斯绿B保持在氧化状态，呈现蓝绿色，从而使线粒体显色，而细胞质中的染料被还原成无色。液泡属于液泡系，是细胞内养料和代谢产物贮存的主要场所，有十分重要的功能。中性红是液泡的特殊染色剂，能将活细胞中的液泡染成红色，而细胞质基质和细胞核不着色。如果细胞死亡，染料会弥散开来，使核着色。

【实验用品】

1. 主要实验材料

人口腔黏膜上皮、洋葱鳞茎内表皮、蟾蜍胸骨剑突软骨、黄豆幼根根尖。

2. 主要实验器具

普通光学显微镜、恒温水浴锅、镊子、刀片、载玻片、盖玻片、吸管、牙签、吸水纸等。

3. 主要实验试剂

(1) Ringer溶液：NaCl 0.85 g (变温动物用0.65 g)，KCl 0.25 g，$CaCl_2$ 0.03 g，蒸馏水100 mL。

(2) 1%，1/3 000中性红溶液：称取0.5 g中性红溶于50 mL Ringer溶液，稍加热(30～40 ℃)使之很快溶解，用滤纸过滤，装入棕色瓶于暗处保存，否则易氧化沉淀，失去染色能力。临用前，取已配制的中性红溶液1 mL，加入29 mL Ringer溶液混匀，装入棕色瓶备用。

(3) 1%，1/5 000詹纳斯绿B溶液：称取50 mg詹纳斯绿B溶于5 mL Ringer溶液中，稍加热(30～40 ℃)使之溶解，用滤纸过滤后，即为1%原液。取1%原液1 mL，加入49 mL Ringer溶液，即成1/5 000工作液，装入瓶中备用，最好现用现配，以保持它的充分氧化能力。

【方法与步骤】

◆ (一)线粒体的超活染色与观察

线粒体是细胞进行呼吸作用的场所，其形态和数量随不同物种、不同组织器官和不同的生理状态而发生变化。

1. 人口腔黏膜上皮细胞线粒体的超活染色与观察

(1) 清洁载玻片放在37 ℃恒温水浴锅的金属板上，滴2滴1/5 000詹纳斯绿B溶液。

(2) 用牙签宽头在自己口腔颊部黏膜处稍用力刮取上皮细胞，将第一次刮下的黏液类物洗去，将第二次刮下的黏液类物放入载玻片的染液滴中。

(3) 染色10～15 min (注意不可使染液干燥，必要时可再加滴染液)，盖上盖玻片，用吸水纸吸去四周溢出的染液，在显微镜下观察。

(4) 在低倍镜下找到平展的口腔上皮细胞，换高倍镜或油镜进行观察。可见扁平状上皮细胞的核。

2. 洋葱鳞茎内表皮细胞线粒体的超活染色与观察

(1)载玻片置于 37 ℃恒温水浴锅的金属板上。

(2)加 1 滴 1/5 000 詹纳斯绿 B 溶液。

(3)用镊子撕取一小块洋葱鳞茎内表皮,置于染液中。

(4)染色 10～15 min,吸去染液,加 1 滴 Ringer 溶液,盖上盖玻片,在显微镜下观察。

◆(二)液泡系的超活染色与观察

中性红为弱碱性染料,对液泡系的染色有专一性,只将活细胞中的液泡系染成红色,细胞核与细胞质基质完全不着色,这可能与液泡系中某些蛋白质有关。

1. 蟾蜍胸骨剑突软骨细胞液泡系的超活染色与观察

软骨细胞能分泌软骨粘蛋白和胶原纤维等,因而粗面内质网和高尔基体都发达,用中性红超活染色后,可明显地显示出液泡系。

(1)将蟾蜍处死,剪取胸骨剑突最薄的部分(一小块),放入载玻片上的 1/3 000 中性红染液液滴中,染色 5～10 min。

(2)用吸管吸去染液,滴加 Ringer 溶液,盖上盖玻片进行观察。

2. 黄豆根尖细胞液泡系的超活染色与观察

(1)取黄豆根尖(1～2 cm 长),小心切一纵切面。

(2)放入载玻片上的 1/3 000 中性红染液液滴中,染色 5～10 min。

(3)吸去染液,滴一滴 Ringer 溶液。

(4)盖上盖玻片进行镜检(镊子轻轻地下压盖玻片,使根尖压扁,利于观察)。

【实验结果】

(1)在人口腔黏膜上皮细胞制片中,可见扁平状上皮细胞的核周围胞质中分布着一些被染成蓝绿色的颗粒状或短棒状的结构,即线粒体。

(2)在洋葱鳞茎内表皮细胞制片中,可见表皮细胞中央被一液泡所占据,细胞核被挤至旁边,在其周围有线粒体被染成蓝绿色,呈颗粒状或线条状。仔细观察细胞质中线粒体的形态、数目和分布。

(3)在蟾蜍胸骨剑突软骨细胞制片中可见软骨细胞为椭圆形,细胞核及核仁清楚易见,在细胞核的上方胞质中,有许多被染成玫瑰红色、大小不一的泡状体。这些泡状体所处区域叫"高尔基区",属于液泡系。

(4)在黄豆根尖细胞制片中,可见细胞质中分散着很多大小不等的染成玫瑰红色的圆形小泡,这是初生的幼小液泡。然后由生长点向伸长区观察,在一些已分化长大的细胞内,液泡的染色较浅,体积增大,数目变少。在成熟区细胞中,一般只有一个淡红色的巨大液泡,占据细胞的绝大部分空间,将细胞核挤到细胞一侧贴近细胞壁处。

【注意事项】

(1)詹纳斯绿B溶液现配现用,以保持它的充分氧化能力。

(2)实验中操作速度要快,以免组织细胞死亡。

(3)在对口腔黏膜上皮细胞进行染色时不可使染液干燥,可适当补加染液。

(4)在对植物进行观察时一定要让材料尽量展开。

【作业】

(1)绘制口腔黏膜上皮细胞和洋葱鳞茎内表皮细胞线粒体形态与分布图。

(2)绘制蟾蜍胸骨剑突软骨细胞和黄豆根尖细胞液泡系形态与分布图。

实验6 | 叶绿体的分离纯化与荧光观察

【实验目的】

（1）通过植物叶绿体的提取，了解细胞器分离的原理和方法。
（2）观察叶绿体的自发荧光和次生荧光，熟悉荧光显微镜的使用方法。

【实验原理】

　　细胞器的分离主要包括破碎细胞以释放内容物和分离细胞器两个步骤。为保证待分离细胞器的结构完整和生化活性，破碎细胞时须选用合适的匀浆缓冲液（要考虑缓冲液的离子浓度、pH、渗透压等），且采用较温和的处理方式。匀浆和分离过程应尽量保持在0～4 ℃低温环境下进行。若在室温下操作，要迅速分离和观察。

　　鉴于细胞器的大小、形状、密度等物理特性差异，离心分离是最常用的技术，主要包括差速离心法和密度梯度离心法。差速离心法是指逐渐增加离心力和离心时间，使细胞匀浆中具有不同沉降系数的颗粒依次以沉淀形式出现在离心管底部，分批收集从而获得目标组分的方法（见图6-1）。密度梯度离心法是让一定的介质在离心管内形成一个连续或不连续的密度梯度，然后将细胞匀浆置于介质顶部，通过长时间较低转速的持续离心，使不同密度的颗粒组分悬停在相应的介质梯度区，从而达到分层分离的目的（见图6-2）。密度梯度离心法常用的离心机转子是水平转子，常用的介质有Percoll（聚乙烯吡咯烷酮包裹的硅胶粒）、蔗糖和多聚蔗糖等。Percoll黏性较蔗糖低，且在梯度内基本不影响渗透压，能够缩短离心时间，离心后细胞器也更稳定，因此效果更佳。

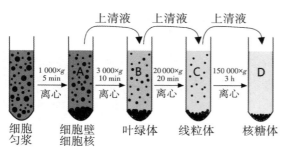

图6-1 | 差速离心法

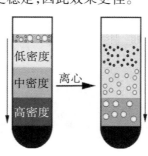

图6-2 | 密度梯度离心法

叶绿体是植物细胞特有的，专门进行光合作用的细胞器，为双层膜结构，一般呈围棋子形状。由于具有能量转换这一重要功能，叶绿体一直是重要的研究对象。在植物光合作用的研究工作中，需要对叶绿体的组分、亚显微结构及功能等进行分析，这就需要从植物细胞中分离得到一定数量和纯度的叶绿体。叶绿体主要存在于植物叶片中，且体积较大，使用差速离心法，通过两步较低速度的离心即可分离获得。该分离过程应在等渗溶液（0.35 mol/L NaCl溶液）中进行，目的是防止渗透压的改变导致叶绿体损伤。

因叶绿体具有自发荧光且可用荧光染料染色后进行次生荧光观察，所以分离得到的叶绿体可以先在普通光学显微镜下直接观察形态和数量，再用荧光显微镜观察确定分离的纯度和得率。

【实验用品】

1.主要实验材料

新鲜菠菜叶、落葵叶。

2.主要实验器具

十分之一天平、高速冷冻离心机（须提前预冷）、普通光学显微镜、荧光显微镜、小烧杯、研钵、量筒、胶头滴管、10 mL离心管、镊子、移液枪及枪头、纱布、载玻片、盖玻片、吸水纸、单面刀片、标签纸、记号笔等。

3.主要实验试剂

（1）0.35 mol/L NaCl溶液（4 ℃冰箱保存）：取20.45 g NaCl，溶于1 L蒸馏水中。

（2）0.01% 吖啶橙荧光染液：取0.1 g吖啶橙溶于100 mL蒸馏水作为母液（10×），贮于棕色试剂瓶内，4 ℃冰箱保存。临用前取1 mL母液加1/15 mol/L磷酸缓冲液（pH＝4.8）9 mL稀释成1×工作液。

（3）1/15 mol/L磷酸氢二钠溶液：根据实验需要，按照1 L蒸馏水溶解9.598 g磷酸氢二钠的比例配制。

（4）1/15 mol/L磷酸二氢钾溶液：根据实验需要，按照1 L蒸馏水溶解9.078 g磷酸二氢钾的比例配制。

（5）1/15 mol/L磷酸缓冲液（pH＝4.8）：取1/15 mol/L磷酸氢二钠溶液2 mL和1/15 mol/L磷酸二氢钾溶液198 mL，混合均匀后调pH至4.8。

【方法与步骤】

1.差速离心法分离叶绿体

（1）选取新鲜叶片，洗净擦干后去除叶柄和叶脉，称取 15 g 并撕成小块置于研钵中，先加入 5 mL 预冷的 0.35 mol/L NaCl 溶液充分研磨，随后将预冷 NaCl 溶液加至 50 mL，继续研磨制成匀浆。

（2）将组织匀浆用 4 层纱布过滤于小烧杯中备用。

（3）取 4 支 10 mL 离心管各装 8 mL 滤液，1 000 r/min，4 ℃离心 2 min，此时沉淀为完整细胞、细胞壁碎片以及部分细胞核。

（4）轻轻吸取各 6 mL 上清液转移至 4 支新离心管中，3 000 r/min，4 ℃离心 5 min，此时沉淀为叶绿体（混有少量细胞核）。

（5）弃净上清液，根据沉淀量的多少，酌情加入 1～2 mL 0.35 mol/L NaCl 溶液将沉淀重悬。

2.镜检、观察粗提叶绿体

（1）用胶头滴管吸取叶绿体悬液，滴一滴于载玻片上，加盖玻片，滤纸条吸去多余液体后将玻片置于普通光学显微镜下进行镜检、观察并拍照。

（2）用荧光显微镜观察上述临时装片中叶绿体的自发荧光（用紫外光激发）并拍照。

（3）用滴管吸取叶绿体悬液，滴一滴于载玻片上，再滴加两滴 0.01% 吖啶橙荧光染液，用牙签混匀，染色 2 min，加盖玻片，吸去余液，在荧光显微镜下观察次生荧光（用紫外光激发）并拍照。

3.观察叶片下表皮细胞叶绿体分布情况

另取新鲜的菠菜/落葵叶片，用单面刀片在叶片的下表面划出大小约 1 cm² 的正方形，用镊子撕取下表皮，放在滴加有 1～2 滴 0.35 mol/L NaCl 溶液的载玻片上，加盖玻片并吸去多余液体制成临时装片，分别置于普通光学显微镜和荧光显微镜下观察下表皮细胞形态，着重观察气孔及气孔周围细胞中叶绿体的形态及分布。

【实验结果】

分离得到的叶绿体可以在普通光学显微镜下直接观察，呈正圆形、月牙形或橄榄形，里面混有部分正圆形细胞核，无法区分。使用荧光显微镜进一步观察自发荧光，紫外光照射后叶绿体呈火红色，细胞核呈绿色，该方法可以用来确定分离的纯度和得率。（见彩图6-I）

在叶片下表皮的肾形保卫细胞中可观察到排列整齐的叶绿体的形态，普通光学显微镜下呈嫩绿色，荧光显微镜下自发荧光呈火红色（见彩图6-II）。

【注意事项】

(1)叶绿体的分离应在等渗溶液(0.35 mol/L NaCl溶液)中进行,以免渗透压的改变使叶绿体受到损伤。

(2)分离过程最好在0~4 ℃下进行。如果在室温下,要迅速分离和观察。

(3)研磨和匀浆操作一定注意不能过度,以防破坏叶绿体结构,产生大量碎片。

(4)离心时,离心管要(中心)对称放置,保持转子平衡。

(5)注意荧光显微镜的正确使用。

(6)使用差速离心法获得的叶绿体中常混有部分细胞核和线粒体,如果实验需要,可将大量粗提的叶绿体再通过密度梯度离心法进行进一步的分离纯化。

思考题

(1)在分离叶绿体的过程中,如何保证其完整性和活性?

(2)在荧光显微镜下观察叶绿体的自发荧光时,更换滤片系统,叶绿体的颜色有无变化?

【知识拓展】

在细胞生物学研究中,不仅要对细胞内某种组分,如多糖、脂质、核酸和蛋白质进行定性分析,还常常对其进行定位和半定量分析,这些都是细胞化学(cytochemistry)的研究范畴。细胞化学是指在保持细胞原有形态结构的基础上,利用物理的、化学的或者免疫学的方法,原位显示某种物质的分布和含量,从而研究与其相关的机能活动的科学。随着生命科学的发展和研究技术的进步,细胞化学同荧光显微技术、电镜技术、电子计算机技术、细胞流式分选技术、免疫学和分子生物学技术相结合,已经逐步演变成为一个新的技术和研究领域——现代细胞化学。

一般说来,细胞化学反应的原理是利用某些试剂能够与待检物质的特有基团发生特异性的结合,从而通过细胞中该试剂存在的部位和颜色(沉淀)的深浅,间接地显示出待检组分的分布和含量。例如,多糖能够被过碘酸(HIO_4)氧化产生多个醛基,当醛基与希夫(Schiff)试剂结合后会产生紫红色反应物,此即PAS反应(periodic acid Schiff reaction),该反应阳性的部位表示有多糖组分的存在。检测脂质常用脂溶性染料,如苏丹Ⅳ和苏丹黑等,脂质分别会被染成红色和黑色,或者利用四氧化锇被不饱和脂肪酸还原产生黑色物质来检测。检测核酸时,可将DNA用盐酸进行脱嘌呤处理,其暴露出的自由醛基可与Schiff试剂发生反应呈现紫红色,此即福尔根(Feulgen)反应。该反应不仅可以特异性地显示DNA的分布,而且能对细胞核内的DNA进行定量分析,这也是细胞化学中的经典实验之一。检测蛋白质的方法较多,除米伦(Millon)反应、重氮反应等经典的细胞化学方法外,还有特异性更强的免疫荧光和免疫酶标、免疫胶体金标记等技术。

实验7 | 甲基绿-派洛宁染色显示DNA和RNA 在细胞中的分布

【实验目的】

(1)学习通过甲基绿-派洛宁染色显示细胞中DNA和RNA的方法。

(2)观察细胞内DNA和RNA的分布。

【实验原理】

核酸是生物体最重要的组成成分,核酸分为两大类,即脱氧核糖核酸(DNA)和核糖核酸(RNA)。它们在细胞内的分布及化学性质均有所不同。DNA主要分布在细胞核的染色质和细胞分裂过程中出现的染色体内。RNA主要分布在细胞质和核仁内,但在染色质及染色体中也含有少量的RNA,核仁中也有少量的DNA。在线粒体、叶绿体等细胞器内除含有RNA外,也含有少量的DNA。

甲基绿和派洛宁(吡罗红G,pyronin G)都是碱性染料,但两者对DNA和RNA的亲和力不同。甲基绿对空间构型完整的DNA亲和力高,并且甲基绿分子中的两个带正电荷的含N基团,正好与DNA分子带负电荷的基团相结合,这样DNA被甲基绿染成绿色或蓝绿色。派洛宁易与聚合程度较低的RNA结合并显示红色,解聚的DNA也能与派洛宁结合而呈现红色。这一反应对pH敏感,在pH=4.6时甲基绿(分子量608.78)与DNA双螺旋外侧的磷酸基团结合力强,结合后阻止派洛宁从碱基之间插入。而派洛宁分子较小(分子量302.80),易于插入RNA分子之中与磷酸基团结合,结合后阻止了甲基绿与RNA磷酸基团的结合,因而染色后细胞中红色部分为RNA所在部位,绿色部分为DNA所在部位。

在一定条件下,甲基绿可与木质素结合;在pH=11.3时,派洛宁使脂类染上颜色。因此,须严格确定甲基绿-派洛宁染液(Unna试剂)所显示的成分时,还应该用脱氧核糖核酸酶(或三氯乙酸)和核糖核酸酶处理以进行对照。用脱氧核糖核酸酶(DNase)(或三氯乙酸)消化后特异性失染,可证实DNA被甲基绿染色;经核糖核酸酶消化后特异性失染,可证实RNA被派洛宁染色。

【实验用品】

1. 主要实验材料

洋葱鳞茎内表皮细胞、人口腔黏膜上皮细胞。

2. 主要实验器具

普通光学显微镜、恒温水浴锅、镊子、烧杯、锥形瓶、载玻片、盖玻片、吸水纸、牙签等。

3. 主要实验试剂

(1)甲基绿-派洛宁染色液配制。

A液:取甲基绿 2 g 溶于 98 mL 蒸馏水中,取派洛宁 G 5 g 溶于 95 mL 蒸馏水中,取 6 mL 甲基绿溶液和 2 mL 派洛宁溶液加入 16 mL 蒸馏水中,即 A 液,放入棕色瓶备用。

B液:先取乙酸钠 1.64 g,用蒸馏水溶解至 100 mL 备用。再取乙酸 1.2 mL,蒸馏水稀释至 100 mL 备用。取配好的乙酸钠溶液 30 mL 和稀释的乙酸 20 mL,加蒸馏水 50 mL,配成 pH 为 4.8 的 B 液。

用时取 A 液 20 mL 和 B 液 80 mL 混合,现配现用。

注:甲基绿在配成 2% 溶液后,应先以氯仿洗除其中杂质(甲紫)。派洛宁制成溶液后最好也用氯仿加以清洗。

(2)0.9% 的 NaCl 溶液。

(3)4% 的盐酸溶液。

(4)1% 的 $NaHCO_3$ 溶液。

【方法与步骤】

1. 以洋葱鳞茎内表皮细胞为材料的实验方法

(1)取洋葱鳞茎内表皮(边长约为 0.5 cm 的方块)置于载玻片上,滴加 2 滴 4% 的盐酸溶液,水解 5 min。

(2)用 1% 的 $NaHCO_3$ 溶液清洗材料 3 次,每次 1～2 min。

(3)用吸水纸吸去载玻片上材料周围的液体,将甲基绿-派洛宁染色液滴加在材料上,染色 1～5 min。

(4)盖上盖玻片,在显微镜下观察。

2. 以人口腔黏膜上皮细胞为材料的实验方法

（1）在载玻片上滴一滴 0.9% 的 NaCl 溶液,液滴尽量小。

（2）制备人口腔黏膜上皮细胞临时装片,将其自然晾干或烘干(温度不能过高)。

（3）将甲基绿–派洛宁染色液滴加在材料上,染色 1～5 min。

（4）盖上盖玻片,在显微镜下观察。

【实验结果】

洋葱鳞茎内表皮细胞细胞核显示蓝绿色或绿色,细胞质及核仁显示红色。(见彩图 7-I)

【注意事项】

（1）使用洋葱鳞茎内表皮细胞时要用盐酸水解细胞壁,以便染液进入,盐酸浓度以 3%～5% 为宜。以人口腔黏膜上皮细胞为材料时不要用盐酸水解,否则可能导致核酸分解。

（2）洋葱鳞茎内表皮细胞用盐酸水解后必须用 $NaHCO_3$ 溶液清洗。

（3）染色时间不宜过长,否则会使细胞核颜色加深,呈现深蓝色。

思考题

（1）洋葱鳞茎内表皮细胞用盐酸水解后必须用 $NaHCO_3$ 溶液清洗的目的是什么?

（2）人口腔黏膜上皮细胞装片烘干时温度不能过高的原因是什么?

实验8 | 福尔根(Feulgen)染色显示细胞中 DNA的分布

【实验目的】

(1)以福尔根染色法为例学习用细胞化学方法检测细胞核DNA的原理和方法。

(2)观察DNA在细胞内的分布。

【实验原理】

福尔根反应(Feulgen reaction)是Feulgen和Rossenbeck于1924年创立的特异性显示DNA的经典方法。该方法主要包括水解和显色两个主要步骤。在水解过程中,DNA经过加热的弱酸水解后,分子中的嘌呤和脱氧核糖间的糖苷键被切断,并且脱氧核糖与磷酸间的磷酯键断开,脱氧核糖的一端释放出游离的醛基(见图8-1)。在显色过程中,上述游离醛基在原位与无色的Schiff试剂(无色品红亚硫酸溶液)反应形成含有醌基的紫红色产物(见图8-2),因而使细胞内含有DNA的部位呈现紫红色阳性反应。酸水解的程度影响紫红色产物颜色的深浅,随着水解时间的延长,形成的醛基增多,反应加强,但如果水解时间过长,DNA水解得更彻底,反而使Feulgen反应减弱。

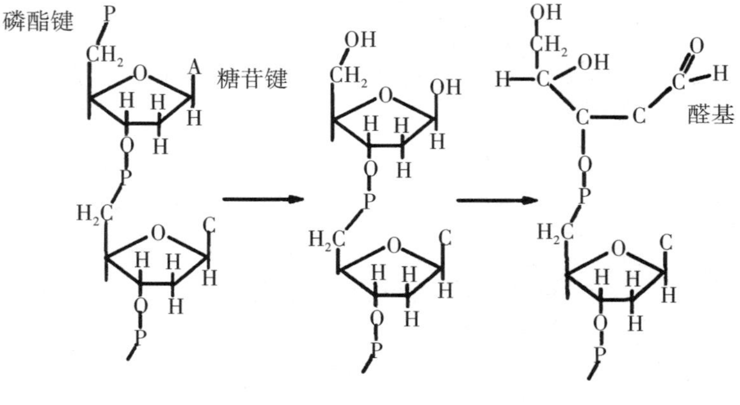

图8-1 | DNA水解和游离醛基的释放

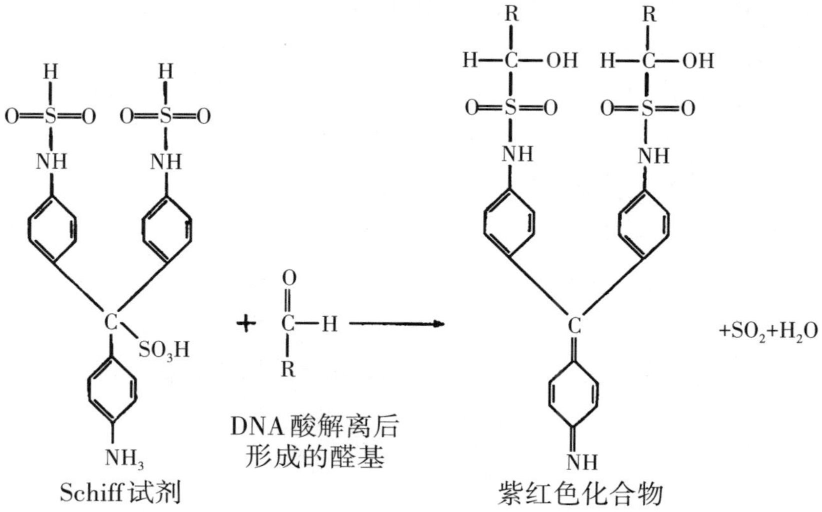

图8-2 | Schiff试剂显色反应

细胞中除了DNA酸解会产生醛基外,多糖等物质也会产生醛基,细胞中还可能存在自由醛基。多糖的醛基在Feulgen反应条件下不会裸露,自由醛基可被盐酸消除。细胞中RNA的N-糖苷键比较稳定,在Feulgen反应的酸解条件下,其嘌呤碱基不易脱去。由于线粒体和叶绿体的结构原因,其内部的DNA不被染色。因此,Feulgen反应是对细胞核DNA高度专一的检测手段。

【实验用品】

1. 主要实验材料

洋葱鳞茎、洋葱根尖或小麦根尖。

2. 主要实验器具

普通光学显微镜、恒温水浴锅、镊子、烧杯、锥形瓶、载玻片、盖玻片、吸水纸等。

3. 主要实验试剂

(1)1 mol/L 盐酸的配制:取82.5 mL密度为1.19 g/cm³的浓盐酸,加蒸馏水定容至1 000 mL。

(2)Schiff试剂:取0.5 g碱性品红(basic fuchsin)加入100 mL煮沸的蒸馏水中(用锥形瓶),振动5 min(勿沸腾),使其充分溶解,冷却至50 ℃后用滤纸过滤。滤液中加入1 mol/L的盐酸10 mL,冷却至25 ℃后加入1 g偏重亚硫酸钠($Na_2S_2O_5$)或偏重亚硫酸钾($K_2S_2O_5$),振荡后塞紧瓶塞,在室温暗处静置24 h或48 h,使其颜色褪至淡黄色,然后加入0.5 g活性炭用力振荡1 min,用粗滤纸过滤于棕色瓶中,塞紧瓶塞,贮于4 ℃冰箱中备用。可保存数月或更长时间,当液体再次变红时不能再使用。

（3）亚硫酸水的配制：取 200 mL 蒸馏水，加 10 mL 10% 偏重亚硫酸钠（或偏重亚硫酸钾）水溶液和 10 mL 1 mol/L 盐酸，三者于用前混合。此溶液宜现配现用，SO_2 逸出则会失效。

（4）卡诺氏固定液：3 份 95% 乙醇加入 1 份冰乙酸。

（5）5% 三氯乙酸溶液。

【方法与步骤】

1.取材

撕取小块洋葱鳞茎内表皮放入卡诺氏固定液固定 10～15 min。直接取用固定后保存于 70% 乙醇中的洋葱根尖或小麦根尖。

2.水解

将材料浸入预热至 60 ℃ 的 1 mol/L 盐酸中水解，洋葱根尖和洋葱鳞茎内表皮水解 8～10 min，小麦根尖水解 10～12 min。

3. 染色

自来水漂洗 5 min，转入 Schiff 试剂中避光染色 30 min。

4. 冲洗

在新配亚硫酸水中洗两次，每次 1 min。

5.水洗

用自来水漂洗 5 min。

6.制片

洋葱鳞茎内表皮平铺于载玻片上，加一滴水，盖上盖玻片，镜检。

在载玻片上切下深红色根尖，加一滴 45% 冰乙酸于载玻片上，盖上盖玻片压片，轻轻敲打，在显微镜下观察。

7. 对照实验

方法一：标本在用盐酸水解前先用 5% 三氯乙酸溶液 90 ℃ 水浴 15 min，破坏材料中的 DNA，其余步骤相同。

方法二：标本不经过水解直接漂洗并放入 Schiff 试剂中染色（染色时间不宜过长，否则试剂本身的酸性也会使 DNA 发生水解出现假阳性反应）。

【实验结果】

在显微镜下可观察到含有DNA的细胞核和染色体呈红色,其他区域无明显颜色变化(见彩图8-I)。对照组由于DNA被破坏,所以细胞核未出现紫红色。

【注意事项】

(1)稀盐酸的水解是Feulgen反应中重要的步骤,水解时间对实验结果有重要影响。如水解时间不够,DNA的嘌呤碱基脱落和醛基释放不足,反应会较弱。但是水解时间太久,过度的酸解会使DNA链断裂而流失到胞质中,也会造成反应较弱。通常影响水解时间的主要因素包括:组织类型、固定液种类、酸解液的浓度、酸解温度等。通常在60 ℃下,1 mol/L盐酸中的水解时间为8～10 min。

(2)染色结束后应该进行充分漂洗,否则残留在细胞中的Schiff试剂一旦转入蒸馏水中立即还原变红,使细胞核外其余的部分出现非特异染色,导致DNA定位检测失误。

(3)由于Schiff试剂能与醛基结合,故不能用含醛的固定液固定组织。

思考题

(1)在用Schiff试剂染色后为什么用亚硫酸水进行洗片?

(2)怎样才能确定稀盐酸水解的最佳温度和时间?

实验9 ｜ 多糖的显示——PAS反应

【实验目的】

学习及了解显示多糖的PAS反应的操作程序及其作用机理。

【实验原理】

PAS染色(periodic acid Schiff stain)又称过碘酸希夫染色或糖原染色,作为一种细胞化学方法,可用于显示细胞内的多糖及糖蛋白、糖脂等物质。在进行PAS反应之前,首要的一步就是用一种具有氧化作用的过碘酸处理已固定的材料,材料中多糖类物质中的乙二醇基CHOH—CHOH在强氧化剂的作用下碳键被打开,被氧化产生两个游离醛基—CHO(见图9-1)。暴露出来的醛基与无色品红亚硫酸溶液(Schiff试剂)作用,使无色品红生成新的紫红色复合物而使多糖显示出来。对于动物组织标本来说,由于糖原能被淀粉酶消化,其他阳性多糖类物质不被消化,在过碘酸处理之前用淀粉酶处理标本,再做PAS染色,可以根据对照反应是否为阳性来鉴别标本中是否含有除糖原以外的其他多糖,如无阳性反应则标本中不存在糖原以外的多糖类物质,如有阳性反应则存在其他多糖类物质。对于植物组织标本来说,可利用上述原理鉴别标本中是否含有除淀粉以外的其他多糖。

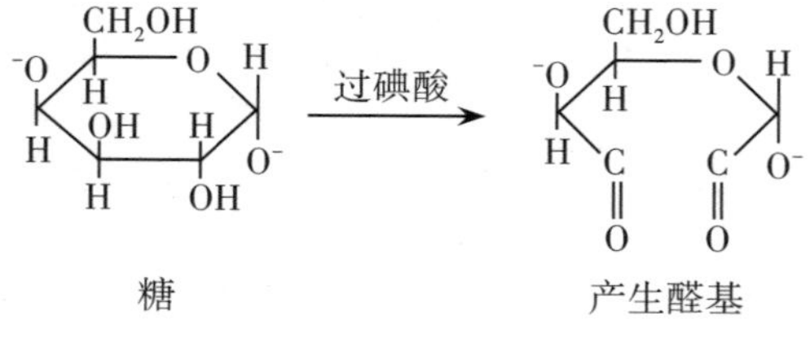

图9-1 ｜ 过碘酸氧化多糖产生游离醛基

【实验用品】

1. 主要实验材料

马铃薯块茎或红薯块根。

2. 主要实验器具

普通光学显微镜、恒温水浴锅、镊子、刀片、烧杯、锥形瓶、载玻片、盖玻片、吸水纸等。

3. 主要实验试剂

（1）过碘酸溶液。

过碘酸（$HIO_4 \cdot 2H_2O$）	1 g
95%乙醇	35 mL
0.2 mol/L乙酸钠溶液（27.2 g乙酸钠＋1 000 mL蒸馏水）	5 mL
蒸馏水	10 mL

配制好后用黑纸包好，保存于4 ℃冰箱中，如变黄则失效。

（2）Schiff试剂：取0.5 g碱性品红（basic fuchsin）加入100 mL煮沸的蒸馏水中（用锥形瓶），振动5 min（勿沸腾），使其充分溶解，冷却至50 ℃后用滤纸过滤。滤液中加入1 mol/L的盐酸10 mL，冷却至25 ℃后加入1 g偏重亚硫酸钠（$Na_2S_2O_5$）或偏重亚硫酸钾（$K_2S_2O_5$），振荡后塞紧瓶塞，在室温暗处静置24 h或48 h，使其颜色褪至淡黄色，然后加入0.5 g活性炭用力振荡1 min，用粗滤纸过滤于棕色瓶中，塞紧瓶塞，贮于4 ℃冰箱中备用。可保存数月或更长时间，当液体再次变红时不能再使用。

（3）还原液的配制：10%偏重亚硫酸钠溶液10 mL、1 mol/L盐酸10 mL、蒸馏水180 mL，于临用时混合。

（4）70%乙醇。

【方法与步骤】

（1）取马铃薯块茎（或红薯块根）切成薄片（尽量薄一些），浸入过碘酸溶液10 min。

（2）用70%的乙醇冲洗1次。

（3）将薄片放入Schiff试剂中20～25 min。

（4）从Schiff试剂中取出，放入还原液1 min。

（5）用70%的乙醇冲洗1次。

（6）将薄片放在载玻片上，吸去乙醇，加一滴水，盖上盖玻片，在显微镜下观察。

注：对照组薄片可以切下后用pH＝4.2的磷酸盐缓冲液配制的淀粉酶溶液消化40 min，再进行以上实验。

【实验结果】

马铃薯块茎组织细胞内可见紫红色或深红色淀粉颗粒,对照组应无色或色淡。(见彩图 9-I)

【注意事项】

(1)过碘酸溶液在使用前温度应接近室温,温度太低,造成氧化不全,影响效果。

(2)使用 Schiff 试剂时,染色缸必须加盖,避免 Schiff 试剂因 SO_2 挥发而失效。

思考题

对于 PAS 反应的对照实验,你认为应该怎样设计? 请写出完整的实验步骤。

实验10 | 脂类的细胞化学染色

【实验目的】

（1）了解并掌握脂类染色的原理及操作步骤。

（2）观察脂类在细胞中的分布。

【实验原理】

脂类是机体内的一类有机大分子物质，包括的范围很广，不同的脂类化学结构有很大的差异，但共同物理性质是不溶于水而易溶于有机溶剂，如醇、醚、氯仿、苯等。进行脂类染色时须用不含乙醇或不能溶解脂类的液体固定，常用甲醛类固定液。染色方法一般用脂溶染色法，借助苏丹染料被脂类溶解吸附的特性使脂类显色。常用的苏丹染料有苏丹 III、苏丹 IV 和苏丹黑等。除去染料时一般选用有机溶剂，要求既能溶解染料又不能溶解脂类。为了将细胞形态呈现出来，需要用与脂类所染色有明显颜色对比的染液对细胞进行复染，常用的复染液有苏木精、甲基绿、中性红、沙黄等。

细胞化学染色的基本步骤为固定、显示及复染。本实验采用苏丹 III 为染料，苏木精复染，用小鼠肠系膜铺片。

【实验用品】

1. 主要实验材料

小鼠。

2. 主要实验器具

普通光学显微镜、解剖剪、解剖针、解剖盘、载玻片、盖玻片、镊子、胶头滴管、擦镜纸、吸水纸等。

3. 主要实验试剂

（1）苏丹Ⅲ染液：苏丹Ⅲ干粉 0.1 g 溶于 10 mL 95% 乙醇，过滤后加入 10 mL 甘油。

（2）甲醛-钙溶液：甲醛 10 mL、10% 氯化钙溶液 10 mL、蒸馏水 80 mL 混合。

（3）苏木精染液：2 g 苏木精溶于 10 mL 95% 乙醇中，加入 10 mL 冰乙酸，搅拌加速溶解。加入 100 mL 甘油及 90 mL 95% 乙醇。取 5 g 钾矾研碎，溶于少量水中并加热，将加热后的钾矾溶液一滴滴地加入染色剂中，不停搅动。用双层纱布包扎好瓶口，放于通风处并经常摇动直到颜色变为紫红色即可使用，成熟时间需 2～4 周，若加 0.2 g 碘酸钠可立即成熟。已成熟的原液可长期保存，须用瓶塞密封，置于低温暗处。使用时取原液 1 份加入 50% 乙醇与冰乙酸等量混合液 1 份或 2 份。（苏木精染液可重复使用，可用另外的容器装好备用。）

（4）70% 乙醇溶液。

【方法与步骤】

（1）用左手拇指和食指捏住小鼠头后部，用力下压，右手抓住鼠尾，用力向后上方拉使小鼠颈椎脱臼死亡。

（2）将小鼠置于解剖盘内，剪开腹腔取出消化道，将小鼠的肠系膜剪下平铺在盖玻片上，然后反扣于载玻片上。

（3）固定：取甲醛-钙溶液滴加在盖玻片和载玻片之间的缝隙里，固定 20 min。

（4）清洗：吸取蒸馏水不断冲洗固定液，直到冲洗干净为止，然后用 70% 乙醇溶液再次进行冲洗。

（5）染色：在 56 ℃ 的条件下用苏丹Ⅲ染液染色 30 min，染液要将肠系膜完全覆盖，避免染色不充分。

（6）清洗：用 70% 乙醇溶液和蒸馏水进行洗涤。

（7）复染：用苏木精染液复染 5 min。

（8）清洗：用蒸馏水冲洗，然后用吸水纸吸去盖玻片上多余的水分。

（9）镜检观察：将样品放置于显微镜下观察。

【实验结果】

细胞含脂类的区域呈橘红色。脂肪细胞呈圆球形，内部充满橘红色的脂类物质，细胞外也有少许分散的脂肪滴。细胞内脂质和脂肪滴中的脂质有明显的区别：前者具有一定的结构，形状比较规则；后者没有规则的结构，显得比较明亮，形状为圆球形，比较集中。

【注意事项】

（1）取肠系膜时，要将肠系膜尽量铺开，防止其收缩致细胞重叠，影响染色和观察，同时在操作过程中要避免将肠系膜扯破。

（2）染色阶段，应当不时地滴加染液，防止其挥发造成染色不足。

（3）染色时间不宜过短，否则会造成染色不明显。

思考题

脂类染色时，为什么要进行复染？

实验11 | 酸性磷酸酶的显示

【实验目的】

(1)了解Gomori硝酸铅法显示细胞内酸性磷酸酶的原理和操作方法。

(2)观察小鼠巨噬细胞内酸性磷酸酶的分布情况。

【实验原理】

酸性磷酸酶(正磷酸单酯磷酸水解酶,acid phosphatase,简称ACP,EC 3.1.3.2)是一组能在酸性条件下水解各种磷酸酯的酶。它广泛存在于动物的组织器官和体液等(如前列腺、肝脏、肾脏、红细胞、血浆、乳汁)中。其中前列腺中的ACP含量最为丰富,因此临床上常通过测定血清ACP的含量进行前列腺癌的辅助诊断。

酸性磷酸酶在大部分组织中主要存在于巨噬细胞中。它定位于溶酶体内,是溶酶体的标志性酶。在溶酶体正常时,由于溶酶体膜的完整稳定,底物不易渗入,溶酶体内的ACP显示活性低或无活性。而当细胞经过固定后,在合适的pH条件下,溶酶体膜的通透性发生改变,底物渗入,从而激活ACP。

酸性磷酸酶的显示方法包括金属盐沉淀法和偶氮偶联法等。本实验采用的硝酸盐沉淀法是金属盐沉淀法的一种。它的显色原理是:经过固定,ACP在合适的pH条件下(pH=5.0)分解作用液中的磷酸酯(通常用β-甘油磷酸钠),解离出磷酸根;磷酸根再与溶液中的硝酸铅反应产生难溶的磷酸铅沉淀;由于磷酸铅无色,所以须进一步与黄色的硫化铵作用生成棕黄色至棕黑色的硫化铅沉淀。通过镜检,就可以检查酸性磷酸酶在细胞内的分布情况。

【实验用品】

1.实验材料

小鼠腹腔液涂片。

2. 主要实验器具

温盒、普通光学显微镜、恒温水浴锅、高压蒸汽灭菌锅、解剖用具、注射器、载玻片、盖玻片等。

3. 主要实验试剂

（1）2% 硫化铵溶液。

（2）甲醛-钙溶液：甲醛 10 mL、10% 氯化钙溶液 10 mL、蒸馏水 80 mL，混合均匀。

（3）6% 淀粉肉汤：牛肉膏 0.3 g、蛋白胨 1.0 g、NaCl 0.5 g、可溶性淀粉 6 g，用蒸馏水溶解并定容至 100 mL，高压蒸汽灭菌 20 min。

（4）ACP 作用液：蒸馏水 90 mL、0.2 mol/L 乙酸缓冲液（pH＝4.6）12 mL、5% 硝酸铅溶液 2 mL、3.2% β-甘油磷酸钠溶液 4 mL。（配制方法：先将蒸馏水和乙酸缓冲液混合，随后分成两份，分别加硝酸铅和 β-甘油磷酸钠溶液，然后再将两者缓缓混合，边混合边搅匀。若 pH 超过 5.0，可加乙酸进行调整。配好的作用液应透明、无悬浮物及沉淀，此作用液须临用前配制。）

（5）0.2 mol/L 乙酸缓冲液（pH＝4.6）：取 0.2 mol/L 乙酸 25.5 mL、0.2 mol/L 乙酸钠溶液 24.5 mL，混合均匀。

（6）无菌生理盐水。

【方法与步骤】

1. 巨噬细胞的诱导

在实验前 2～3 d，用无菌的注射器将已灭菌的 6% 淀粉肉汤 1 mL 注入实验小鼠腹腔内，每天 1 次，以诱导巨噬细胞的增加。

2. 收集小鼠腹腔液

实验当天注射完淀粉肉汤后 3～4 h，向小鼠腹腔内注入 1 mL 无菌生理盐水，等待 5 min。用引颈法处死小鼠，迅速打开小鼠腹腔，抽取腹腔液。

3. 涂片

每人取 2 片载玻片，吸取少量腹腔液于载玻片上，使液体展开，其中一片载玻片在室温下晾干，另一片置于烘箱中 50 ℃作用 30 min，使酶失活，作为对照组。

4. 固定

用甲醛-钙溶液固定涂片 5 min。

5. 清洗

用蒸馏水漂洗,晾干。

6. ACP 作用

将涂片置于温盒中,滴加足量 ACP 作用液,37 ℃反应 30 min。用蒸馏水漂洗数次,甩干。

7. 染色

加入 2% 硫化铵溶液反应 2~3 min,进行染色。

8. 清洗

用蒸馏水漂洗,晾干。

9. 镜检观察

将样品放置于显微镜下观察。

【实验结果】

细胞中含有酸性磷酸酶的区域呈棕黄色或棕黑色,其余区域无色。对照组所有区域应该均无显色。

【注意事项】

酶对温度的变化很敏感,因此在实验过程中应严格控制温度的变化。

思考题

(1)酸性磷酸酶的显示方法有哪些?简单叙述其原理。

(2)酸性磷酸酶在细胞内主要分布于哪些部位?其主要功能是什么?

实验12 ∣ 细胞骨架的光学显微观察

【实验目的】

(1)学习植物细胞骨架标本的基本制作方法。

(2)了解普通光学显微镜下细胞骨架的基本形态结构。

【实验原理】

细胞骨架(cytoskeleton)是细胞质中由蛋白质组成的纵横交错的纤维网络结构,其构成物质根据组成成分和形态结构不同可分为微丝(microfilament,MF,直径为5~7nm)、微管(microtubule,MT,直径约25 nm)和中间纤维(intermediate filament,IF,直径约10 nm)。它们对细胞形态的维持,细胞的生长、运动、分裂、分化、物质运输、能量转换、信息传递、基因表达等起到重要作用。

用适当浓度的Triton X-100处理细胞,可将细胞膜和细胞质中的其他蛋白质和全部脂类物质溶解抽提,但细胞骨架系统中的蛋白质因结构相对稳定不受破坏而被保留,再经戊二醛固定、考马斯亮蓝R250染色后,可在普通光学显微镜下观察到细胞内的网状结构,这就是细胞骨架。

微丝是由肌动蛋白单体构成的纤维,单根微丝直径过小,在普通光学显微镜下看不到。肌动蛋白单体和微丝纤维在一定条件下可以相互转化。本实验中,M-缓冲液提供的离子条件可以促使微丝纤维结构保持聚合且舒张的状态。

本实验观察的细胞骨架主要是由许多微丝结合在一起组成的微丝束,直径为1~4 μm,而考马斯亮蓝R250染料颗粒的附着会对微丝束的显示起到增强作用,这样更便于在显微镜下观察其形态结构。

【实验用品】

1.主要实验材料

洋葱鳞茎。

2.主要实验器具

恒温培养箱、普通光学显微镜、胶头滴管、单面刀片、镊子、移液枪及配套枪头、小烧杯/培养皿、载玻片、盖玻片、牙签、吸水纸、擦镜纸等。

3.主要实验试剂

(1)磷酸缓冲液(PBS缓冲液,pH=7.2):取氯化钠8.0 g,氯化钾0.2 g,磷酸二氢钾0.2 g,磷酸氢二钠1.15 g,依次溶于800 mL蒸馏水中,用1 mol/L盐酸调节溶液pH至7.2,最后加蒸馏水定容至1 L。放入高压蒸汽灭菌锅,121 ℃灭菌20 min,冷却后在室温下或4 ℃冰箱中保存。

(2)M-缓冲液:取咪唑3.40 g,氯化钾3.70 g,氯化镁47.6 mg,乙二醇双(2-氨基乙醚)四乙酸(EGTA)330.35 mg,乙二胺四乙酸(EDTA)29.22 mg,依次溶于600 mL蒸馏水中,接着加入β-巯基乙醇0.07 mL,甘油292 mL,最后加蒸馏水定容至1 L,室温保存。

(3)1% Triton X-100溶液:取Triton X-100 1 mL,加入99 mL M-缓冲液混合均匀,室温保存。

(4)3%戊二醛:取25%戊二醛24 mL,加入PBS缓冲液176 mL混合均匀,室温保存。

(5)0.2%考马斯亮蓝R250染液:取考马斯亮蓝R250 0.2 g,甲醇46.5 mL,冰乙酸7 mL,蒸馏水46.5 mL,混合均匀,室温保存。

【方法与步骤】

1. 取材

用单面刀片在洋葱鳞茎近中轴内表皮侧划出数块大小约1 cm²的正方形,用镊子撕取内表皮,浸入装有5 mL PBS缓冲液的小烧杯/培养皿中,使其下沉,共处理3次,每次2 min。

2. 抽提

弃去PBS缓冲液,加入3 mL 1% Triton X-100溶液,置于37 ℃恒温培养箱中处理20 min。

3. 冲洗

弃去Triton X-100溶液,用3 mL M-缓冲液轻轻漂洗3次,每次2 min。

4. 固定

弃去M-缓冲液,加入5 mL 3%戊二醛,室温固定15 min。

5. 冲洗

弃去固定液,用5 mL PBS缓冲液清洗3次,每次2 min。

6. 染色

弃去 PBS 缓冲液,加入 3 mL 0.2% 考马斯亮蓝 R250 染液,恒温培养箱染色 15 min。

7. 制片

弃去染液,用蒸馏水清洗 2 次,将标本平铺在载玻片上,滴加 1～2 滴蒸馏水,加盖玻片制成临时装片,在普通光学显微镜下观察。

【实验结果】

在普通光学显微镜下观察可见洋葱鳞茎内表皮细胞的轮廓,细胞内存在着被染成蓝色、粗细不等的纤维网络结构,这就是细胞骨架(彩图 12-Ⅰ)。转至高倍镜下观察,微调细调焦螺旋可见细胞骨架的立体结构(彩图 12-ⅠB)。

【注意事项】

(1)撕取的洋葱鳞茎内表皮不可带茎肉,材料在处理过程中要尽量保持舒展且完全浸没在溶液中,以免影响试剂的处理效果。

(2)抽提处理要掌握好时间和温度。

(3)染色时间须掌握好,必要时可分不同时间进行染色。

(4)观察时选择平展、染色适中的部位观察。

思考题 ❓

(1)此实验中是否能观察到微管和中间纤维? 为什么?

(2)根据考马斯亮蓝 R250 染料的特征分析各组制作的植物细胞骨架标本是否成功。

实验13 细胞膜通透性观察

【实验目的】

(1)了解溶血现象及其发生的机制。

(2)了解细胞膜的渗透性及各类物质进入细胞的速度。

(3)了解 $AgNO_3$ 抑制红细胞水孔蛋白通透性的原理及其对水通透性的影响。

【实验原理】

细胞膜由磷脂双分子层和糖蛋白等组成,将细胞内、外环境相隔开,使细胞内环境保持相对稳定的状态,细胞成为相对独立的个体,但各细胞又必须与周围环境进行物质和能量交换才能生存下去,细胞膜就是细胞与细胞外环境进行物质交换的关键结构。细胞膜允许一些物质通过,又阻挡另一些物质通过,因此细胞膜具有选择透过性。

各种物质进出细胞的方式不同,大致可分3类:被动运输(顺浓度梯度,无须耗能,包括自由扩散和协助扩散)、主动运输(逆浓度梯度或电化学梯度,需要耗能)和胞吞胞吐。例如,脂溶性分子(乙醇、甘油等)、不带电荷的极性小分子(H_2O、尿素等)以及疏水性气体分子(O_2、CO_2、N_2、NH_3等)可顺浓度梯度自由扩散通过细胞膜。大的极性分子(氨基酸、葡萄糖、核酸等)需要借助膜转运蛋白完成跨膜运输。而带电荷的各种离子类物质(H^+、Na^+、K^+、Cl^-、HCO_3^-等)则是高度不通透的,由于这些物质是细胞生存的必需品,因此,它们需依靠细胞膜上的各种转运蛋白通过协助扩散或主动运输的方式通过细胞膜。

水是生物界最普遍的溶剂,水分子可以顺浓度梯度自由扩散进出细胞膜,所以会出现动物细胞处于高渗环境失水皱缩,处于低渗环境吸水膨胀的现象。与此同时,在细胞膜上存在着多种水孔蛋白(AQP),当细胞处于低渗环境中,细胞膜内外两侧渗透压相差较大,膜外的水分子会通过水孔蛋白快速进入细胞,使细胞膨胀进而破裂。水孔蛋白只允许水分子通过,它对水的通透性受多种因子调节,如cAMP可增大AQP1、AQP2对水分子的通透性,而硝酸银($AgNO_3$)、氯化汞($HgCl_2$)等物质则会通过共价键结合水孔蛋白半胱氨酸的巯基从而抑制水孔蛋白对水分子的通透性。

若将红细胞置于低渗溶液中,细胞快速吸水涨破会导致胞内的血红蛋白释放到介质中,使原来不透明的红细胞悬液变成红色透明的血红蛋白溶液,这就是所谓的溶血现象。将红细胞分别放入不同的等渗溶液中,由于各种溶质性质不同(有的溶质可以进入细胞,有的不能进入细胞),可以进入细胞的溶质会引起红细胞内渗透压升高,从而促使膜外侧水分子顺浓度梯度进入细胞,最终导致溶血。不同溶质透过细胞膜的速度不同,因此发生溶血的时间也各不相同。通过测量发生溶血的时间长短可以估计细胞膜对各种溶质的通透性大小。

【实验用品】

1.主要实验材料

20%兔红细胞悬液(课前制备):洁净的烧杯中加入 20 mL 1 g/L 的肝素钠溶液,收集新鲜兔血 200 mL 并加入烧杯,玻璃棒快速搅拌至混合均匀。将含有肝素钠的兔血悬液和 0.17 mol/L 氯化钠溶液按照 1∶9 的体积比加入 50 mL 离心管中,轻轻颠倒混匀,置于预冷离心机中对称放置,800 r/min,离心 3 min,弃上清液。加入与所弃上清液体积相近的 0.17 mol/L 氯化钠溶液,轻轻颠倒混匀,在相同条件下离心,弃上清;重复一次。加入 4 倍于细胞体积的 0.17 mol/L 氯化钠溶液,配制成 20%兔红细胞悬液。

2.主要实验器具

普通光学显微镜、烧杯、玻璃棒、50 mL 离心管、1.5 mL 离心管、5 mL/1 mL/10 μL 移液枪及枪头、胶头滴管、载玻片、盖玻片、吸水纸、擦镜纸、玻璃试管、试管架、秒表、记号笔、标签纸等。

3.主要实验试剂

(1)1 g/L 肝素钠溶液(肝素钠效价≥125 U/mg):取 0.1 g 肝素钠溶于 100 mL 蒸馏水中,4 ℃冰箱保存备用。

(2)蒸馏水。

(3)2 种低渗溶液:

0.017 mol/L 氯化钠溶液:取 0.993 g 氯化钠溶于 1 L 蒸馏水中。

0.032 mol/L 葡萄糖溶液:取 5.766 g 葡萄糖溶于 1 L 蒸馏水中。

(4)5 种等渗溶液:

0.17 mol/L 氯化钠溶液:取 9.934 g 氯化钠溶于 1 L 蒸馏水中。

0.32 mol/L 葡萄糖溶液:取 57.66 g 葡萄糖溶于 1 L 蒸馏水中。

0.17 mol/L 氯化铵溶液:取 9.148 g 氯化铵溶于 1 L 蒸馏水中。

0.32 mol/L 乙醇溶液:取 18.66 mL 无水乙醇,加蒸馏水定容至 1 L。

0.32 mol/L 甘油溶液:取 23.4 mL 甘油,加蒸馏水定容至 1 L。

(5)1 mol/L $AgNO_3$ 溶液:取 1.7 g $AgNO_3$ 溶于 10 mL 蒸馏水中,作为母液备用。

（6）1 mmol/L AgNO₃溶液：取 1 mol/L AgNO₃溶液 10 μL，溶于9.99 mL蒸馏水中。

（7）100 μmol/L AgNO₃溶液：取 1 mmol/L AgNO₃溶液 1 mL，溶于9 mL蒸馏水中。

（8）500 mmol/L 蔗糖溶液：取 1.71 g蔗糖溶于10 mL蒸馏水中。

（9）65 mmol/L 蔗糖溶液：取 0.22 g蔗糖溶于10 mL蒸馏水中。

【方法与步骤】

1. 细胞膜通透性观察

（1）溶血现象的观察与比较

取试管1支，加入5 mL蒸馏水，再沿管壁轻缓加入0.5 mL制备好的兔红细胞悬液，轻摇使其混匀，注意观察试管内液体颜色变化。

（2）红细胞形态的显微观察

用胶头滴管吸取兔红细胞悬液，滴一滴在载玻片上，加盖玻片制成临时装片，在普通光学显微镜40倍物镜下观察红细胞的形态。

（3）溶血时间的测定

取试管1支，标记为1号，加入蒸馏水5 mL，再加入0.5 mL制备好的兔红细胞悬液，迅速混匀，观察颜色变化，记录试管中发生溶血的时间（从红细胞悬液加完的一刻开始计时）。建议此步骤重复练习2~3次，以保证计时数据的稳定性和准确性。

（4）红细胞的通透性观察

另取试管7支，分别标记为2~8号，依次加入5 mL 7种不同的低渗、等渗溶液，再逐一加入0.5 mL制备好的兔红细胞悬液，迅速混匀，观察颜色有无变化，是否发生溶血，并记录试管中发生溶血的时间。将观察到的现象和结果填入表13-1中，对实验结果进行比较和分析。

表13-1　实验结果统计表

试管序号	试管内溶液	是否溶血	溶血时间	结果分析
1	5 mL 蒸馏水＋0.5 mL 兔红细胞悬液			
2	5 mL 0.017 mol/L 氯化钠溶液＋0.5 mL兔红细胞悬液			
3	5 mL 0.032 mol/L 葡萄糖溶液＋0.5 mL兔红细胞悬液			
4	5 mL 0.17 mol/L 氯化钠溶液＋0.5 mL兔红细胞悬液			
5	5 mL 0.32 mol/L 葡萄糖溶液＋0.5 mL兔红细胞悬液			
6	5 mL 0.17 mol/L 氯化铵溶液＋0.5 mL兔红细胞悬液			
7	5 mL 0.32 mol/L 乙醇溶液＋0.5 mL兔红细胞悬液			
8	5 mL 0.32 mol/L 甘油溶液＋0.5 mL兔红细胞悬液			

2. AgNO₃对兔红细胞水孔蛋白的抑制作用

（1）低渗处理。

①取5支1.5 mL离心管，做好标记，先各加入兔血49.5 μL、47.5 μL、45.0 μL、47.5 μL、45.0 μL，再分别加入0.5 μL、2.5 μL、5 μL 100 μmol/L AgNO₃溶液以及2.5 μL、5 μL 1 mmol/L AgNO₃溶液，轻轻摇匀使每支离心管内Ag⁺的终浓度分别为1 μmol/L、5 μmol/L、10 μmol/L、50 μmol/L和100 μmol/L，静置10 min。

②用移液枪向上述5支离心管中各加入1 mL 65 mmol/L蔗糖溶液，混匀静置。

③用胶头滴管分别吸取混合液滴于载玻片上，加盖玻片制成临时装片，在普通光学显微镜40倍物镜下观察红细胞形态。

（2）高渗处理。

①同低渗处理第①步操作。

②用移液枪向上述5支离心管中各加入1 mL 500 mmol/L蔗糖溶液，混匀静置。

③用胶头滴管分别吸取混合液滴于载玻片上，加盖玻片制成临时装片，在普通光学显微镜40倍物镜下观察红细胞形态。

【实验结果】

正常的兔红细胞在普通光学显微镜40倍物镜下呈正圆形，置于蒸馏水中会发生完全溶血，看不到细胞形态。兔红细胞置于0.017 mol/L氯化钠等低渗溶液中也会吸水涨破，发生溶血。置于5种不同的等渗溶液中发生溶血与否和溶质的性质密切相关。

经10 μmol/L AgNO₃溶液处理后，兔红细胞细胞膜上的水孔蛋白对水的通透性变小，置于65 mmol/L蔗糖低渗溶液中大部分细胞不溶血；置于500 mmol/L蔗糖高渗溶液中，细胞皱缩幅度减小。经高浓度AgNO₃溶液处理的兔红细胞会中毒死亡。

【注意事项】

（1）加入红细胞悬液时须动作连贯，倾斜贴试管内壁加入，避免一滴一滴加入，影响观察和计时。

（2）实验过程中不可剧烈振荡摇晃，以免造成人为的红细胞破裂。

（3）注意操作过程中不要让血液溅入眼睛，手部有创口时须戴好手套操作。

（4）溶血现象可用一张有字的白纸来辅助识别，透过溶液能够清晰看到溶液后方纸上的字迹时，为完全溶血。

（5）因溶质的分子量大小、脂溶性以及是否为电解质等性质对膜通透性都有影响，所以将溶血时间适当延长至15 min，若实验已进行15 min仍未观察到溶血现象即可判断为不溶血。

（6）实验过程中肉眼观察溶液颜色变化、记录溶血时间都易受主观因素影响而造成偏差，因此应始终由同一位同学来观察判断溶血情况，尽量减小误差。

思考题

根据表中的结果总结细胞膜对不同性质溶质通透性的规律，可以从溶质的分子量、脂溶性、极性、有无电荷等方面论述。

实验14　小鼠腹腔巨噬细胞吞噬现象的观察

【实验目的】

(1)通过对小鼠腹腔巨噬细胞吞噬红细胞的观察,了解巨噬细胞吞噬异物的原理和功能。

(2)掌握小鼠等实验动物腹腔巨噬细胞采集和制片的方法。

【实验原理】

吞噬作用(phagocytosis)是胞吞作用的一种类型,是单细胞动物摄取营养物质的主要方式,也具有原始防御作用。高等动物体内的巨噬细胞、单核细胞和嗜中性粒细胞具有吞噬功能。它们广泛分布在组织和血液中,在机体的非特异性免疫功能中起着重要作用。巨噬细胞是由骨髓干细胞分化后进入血液到达各组织内,并进一步分化而成的。巨噬细胞可以是固定不动的,也可以用变形虫运动的方式移动。固定的和游走的巨噬细胞是同一细胞的不同阶段,两者可以相互转变,其形态也随功能状态和所在位置的不同而变化。当病原微生物或其他异物侵入机体时,由于巨噬细胞具有趋化性和游走性,可以沿着趋化因子浓度升高的方向移动,主动向病原体和异物移行,并伸出伪足,将病原体或异物包围并吞入胞质,形成吞噬泡,继而细胞质中的初级溶酶体与吞噬泡发生融合,形成吞噬溶酶体,通过其中水解酶等的作用,将病原体杀死,消化分解,最后将不能消化的残渣排出细胞。

巨噬细胞还有许多其他重要功能。如与机体的免疫功能密切相关,在免疫应答的起始阶段,巨噬细胞等能处理抗原和分泌白细胞介素-1,激活淋巴细胞并促进其分裂与分化。在免疫应答的效应阶段,巨噬细胞等又能集聚于病灶周围,受到淋巴因子等的激活作用,成为破坏靶细胞和吞噬细菌的重要成分。因此,巨噬细胞是机体免疫应答的主要细胞之一。对实验动物巨噬细胞吞噬能力的测定,是其非特异性免疫能力检测的一项重要指标,在病理、免疫、肿瘤学研究领域仍然广泛使用。

由于巨噬细胞含有大量的溶酶体、吞噬体和残余体,将台盼蓝、洋红染料或者墨汁注射到实验动物体内,可以见到巨噬细胞胞质内积聚很多蓝色、红色或者黑色颗粒,而其他细胞则不摄取或者仅少量摄取染料颗粒,因此常用该方法鉴别巨噬细胞。

【实验用品】

1.主要实验材料

(1)小鼠(体重20 g左右)。

(2)1%鸡(或鱼)红细胞悬液:自健康鸡翼静脉采血1 mL,放入盛有4 mL阿氏血液保存液(Alsever's solution)的容器中,混匀置4 ℃冰箱保存备用(在1周内使用)。使用前加入0.85%生理盐水离心(1 500 r/min,10 min)洗涤2次,再用生理盐水配成1%的悬液。如果选用鱼血,换用0.6%的生理盐水。

2.主要实验器具

普通光学显微镜、解剖盘、剪刀、镊子、载玻片、盖玻片、注射器、吸管、吸水纸等。

3.主要实验试剂

(1)0.85%(或0.6%)生理盐水:0.85 g(或0.6 g)NaCl溶于100 mL蒸馏水中。

(2)阿氏血液保存液:

葡萄糖	2.05 g
柠檬酸钠($Na_3C_6H_5O_7 \cdot 2H_2O$)	0.89 g
柠檬酸($C_6H_8O_7 \cdot H_2O$)	0.05 g
NaCl	0.42 g
蒸馏水	100 mL

调pH至7.2,过滤灭菌或高压蒸汽灭菌(121 ℃,10 min),置4 ℃冰箱保存。

(3)0.4%台盼蓝染液:

0.4 g台盼蓝(trypan blue)染料粉溶于100 mL 0.85%生理盐水中。

(4)6%淀粉肉汤:

牛肉膏0.3 g,蛋白胨1.0 g,NaCl 0.5 g,可溶性淀粉6.0 g,台盼蓝染料粉0.4 g,加入蒸馏水100 mL,加热溶解,再煮沸15 min灭菌。置4 ℃冰箱保存,使用前水浴熔化。

【方法与步骤】

(1)在实验前3 d,每天给小鼠腹腔注射6%淀粉肉汤(含台盼蓝染料)1 mL,连续注射3 d比注射1 d效果更佳。注射时,先用右手抓住鼠尾将小鼠提起,放在实验台上,用左手的拇指和食指抓住小鼠两耳和头颈皮肤,将鼠体置于左手心中,把后肢拉直,用左手的无名指和小指按住尾巴与后肢,前肢可用中指固定,即可在腹部后 1/2 处的一侧注射。进针勿过深,否则易损害肝脏及血管等,造成动物出血死亡。

（2）实验时,取 1 只注射过淀粉肉汤的小鼠,腹腔注射 1% 鸡红细胞悬液 1 mL(与上述步骤同一进针部位),轻揉小鼠腹部,使悬液分散。

（3）20 min 后,用颈椎脱臼法处死小鼠(右手抓住鼠尾,用力向后拉,左手拇指与食指同时向下按住鼠头,使脊髓与脑髓间断开致鼠死亡)。

（4）将小鼠置于解剖盘中,剪开腹部皮肤(防止剪破内脏),用镊子提起腹腔膜并撕开,把内脏推向一侧,用不装针头的注射器或吸管吸取腹腔液(若腹腔液太少,可以腹腔注射 1 mL 0.85% 生理盐水,混匀后吸取液体)。

（5）取 1 张干净的载玻片,滴 1 滴腹腔液,盖上盖玻片,置显微镜下观察。

【实验结果】

观察时,将视野光线调暗。在高倍镜下,先分辨清鸡或鱼红细胞和巨噬细胞。鸡或鱼红细胞为淡黄色、椭圆形、有核的细胞。而数量较多,体积较大,圆形或不规则,表面有许多似毛刺状的小突起(伪足),胞质中有数量不等蓝色颗粒(为吞入的含台盼蓝淀粉肉汤形成的吞噬泡)的细胞则为巨噬细胞。变换视野,仔细观察巨噬细胞吞噬红细胞的过程。可见有的红细胞(1 至多个)紧贴于巨噬细胞的表面;有的巨噬细胞已吞入 1 个或几个红细胞(见图 14-1),在胞质中刚刚形成椭圆形的吞噬泡;有的巨噬细胞内的吞噬泡体积缩小,并呈现圆形,这是吞噬泡与初级溶酶体发生了融合,泡内物正在被消化分解。

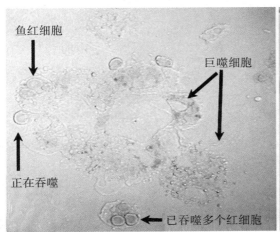
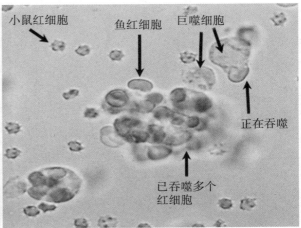

图14-1 ｜ 巨噬细胞吞噬红细胞的现象

【注意事项】

(1)小鼠腹腔注射时注意进针不要过深,以免刺破内脏,导致小鼠出血死亡。

(2)腹腔内的细胞浓度过大时,可用生理盐水稀释。

【作业】

(1)绘图记录所观察到的小鼠腹腔巨噬细胞吞噬红细胞的各种形态。

(2)计算吞噬百分比,即每100个吞噬细胞中吞有红细胞的吞噬细胞数。

思考题 ？

(1)实验前3 d,给小鼠腹腔每天注射含台盼蓝染料的淀粉肉汤的目的是什么? 直接注射台盼蓝染液或生理盐水或葡萄糖可以吗? 为什么?

(2)巨噬细胞的哪几种结构对执行复杂的吞噬功能最为重要?

(3)巨噬细胞吞噬红细胞后其自身为什么没有被胀破?

实验15 | 植物根尖细胞染色体标本制备

【实验目的】

掌握常规压片法和去壁低渗火焰干燥法制备植物染色体标本的基本原理及方法。

【实验原理】

　　植物染色体标本的制备,常以分生组织,如根尖、茎尖和嫩叶为材料。常规压片法仍是现有条件下观察植物染色体常用的方法,其程序包括取材、预处理、固定、解离、染色和压片等步骤。但是植物细胞有坚实的细胞壁,使得细胞内的染色体很难像动物细胞中的那样平整地贴在载玻片上,染色体很难分散开,容易变形和断裂,不易观察。而去壁低渗火焰干燥法则能较好地克服这些弊端,方法也较简单,不需要特殊设备。它是借助纤维素酶和果胶酶将细胞间的果胶质和组成细胞壁的α纤维素、半纤维素溶解,使植物细胞只有质膜,然后按哺乳类动物染色体标本制备的方法——低渗、火焰干燥,制备植物染色体标本。实验证明,这一技术可以显著提高染色体的分散程度,现已广泛应用于植物染色体显带、姐妹染色单体交换等研究,大大促进了植物细胞遗传学研究的发展。

　　植物体根尖分生组织是主要的染色体制片材料,首先它取材方便,分生区易于区别,其次分生区的细胞多为等直径的分裂细胞,其细胞核大,细胞质浓,细胞核体积约占整个细胞体积的3/4,易于观察。在取材后一般要对材料进行预处理,即用适当浓度的秋水仙素、8-羟基喹啉或对二氯苯处理根尖分生组织中正在分裂的细胞,一方面阻碍纺锤体的形成,提高中期分裂相的比例,另一方面促进染色体缩短,使其便于观察。

【实验用品】

1. 主要实验材料

洋葱鳞茎、大蒜鳞茎。

2. 主要实验器具

普通光学显微镜、恒温培养箱、冰箱、镊子、刀片、牙签、载玻片、盖玻片、铅笔(带橡皮头)、小烧杯、培养皿、吸水纸、试剂瓶、量筒、酒精灯、吸耳球、青霉素小瓶等。

3. 主要实验试剂

(1)Giemsa 染色液:称取 Giemsa 粉 1.0 g,加几滴甘油,研磨至无颗粒为止,再加入剩余甘油(使用的甘油总量为 33 mL),在 60～65 ℃恒温箱中保温 2 h 后,加入 33 mL 甲醇搅拌均匀,过滤后保存于棕色瓶中,形成原液,2 周后使用为好,可长期保存。

工作液:原液与 pH＝7.2 的 0.067 mol/L 磷酸缓冲液按 1:20 的比例混合使用,现用现配。

(2)磷酸缓冲液。

A 液:0.067 mol/L 磷酸氢二钾溶液。

B 液:0.067 mol/L 磷酸氢二钠溶液。

将 13 mL A 液和 87 mL B 液混匀即得 pH＝7.2 的磷酸缓冲液。

(3)改良苯酚品红染液。

A 液:1 g 苯酚溶于 20 mL 蒸馏水。

B 液:碱性品红 3 g 溶于 100 mL 乙醇。

C 液:A 液 10 mL＋B 液 90 mL。

取 C 液 2～10 mL 加入 90～98 mL 45% 冰乙酸,再加 1.8 g 山梨醇。

(4)混合酶液:称取纤维素酶、果胶酶各 0.5 g,加入 20 mL 蒸馏水溶解充分即为 2.5% 混合酶液,冰箱内冷冻保存。

(5)卡诺氏固定液($V_{甲醇}:V_{冰乙酸}＝3:1$)。

(6)其他试剂:0.1% 秋水仙素溶液,95% 乙醇,85% 乙醇,70% 乙醇,1 mol/L 盐酸。

【方法与步骤】

1. 常规压片法

(1)材料培养:将洋葱鳞茎置于盛水的小烧杯中,放在 25 ℃恒温箱中发根,待根长至 1～2 cm 时于上午 9:00 至 11:00 间剪下根尖。(大蒜瓣浸泡 6 h,转入铺有湿润滤纸的培养皿中,置于 25 ℃恒温箱中发根,待根长至 1～2 cm 时,于上午 9:00 至 11:00 间剪下根尖。)

(2)预处理:将剪下的根尖浸泡在 0.1% 秋水仙素溶液中处理 4 h。

(3)固定:将预处理的材料用蒸馏水洗净,经卡诺氏固定液固定 6～12 h,再放入 95%、85% 乙醇中各 0.5 h,最后转入 70% 乙醇中,4 ℃保存备用。

(4)解离:取出固定好的根尖材料,蒸馏水洗净,放入 1 mol/L 盐酸中解离 8～10 min,蒸馏水洗净。

(5)染色:用改良苯酚品红染液染色5～10 min。

(6)压片及镜检:把根尖放在载玻片上,切取分生区部分,加1滴染液,用镊子夹碎,盖上盖玻片,盖玻片上放上吸水纸,用铅笔的橡皮头轻轻敲打盖玻片,使细胞和染色体分散。在显微镜下进行观察。

2. 去壁低渗火焰干燥法

(1)取材:大蒜瓣浸泡6 h,转入铺有湿润滤纸的培养皿中,置于25 ℃恒温箱中发根,待根长至1～2 cm时,于上午9:00至11:00间剪下根尖。

(2)预处理:将根尖材料用0.1%秋水仙素溶液处理3～4 h。

(3)固定:将处理好的材料用水洗净,卡诺氏固定液固定4 h。

(4)酶解:固定好的材料用水洗净,切取分生区置于青霉素小瓶中,加入混合酶液,在25 ℃下酶解2～3 h。

(5)低渗处理:将酶解后的材料用蒸馏水缓慢冲洗2次,然后浸泡在蒸馏水中20～30 min。采用悬液法或涂片法制备染色体标本。

▶ 悬液法

①制备细胞悬液:用镊子将材料夹碎,加入2～3 mL新鲜的固定液,吹打成细胞悬液。静置片刻,去掉下层的大块组织,吸取上层细胞悬液,再静置30 min,吸去上层清液,留下底部约1 mL的细胞悬液制备标本。

②滴片:将洗净的载玻片事先浸泡在0～4 ℃蒸馏水中,滴片时将载玻片倾斜约30°放置,吸取细胞悬液从距离载玻片10 cm左右的高度滴下,滴片后用口或吸耳球对准液滴吹气,使液滴散开。

③干燥:在酒精灯上微微加热,将液滴烤干。

④染色:干燥后的载玻片用Giemsa染色液染色30 min,蒸馏水洗净,在空气中干燥。

⑤镜检。

▶ 涂片法

①固定:倒去蒸馏水,将低渗处理过的材料用卡诺氏固定液固定30 min以上。

②涂片:将材料放在预处理的载玻片上,加1滴固定液,迅速用镊子将材料捣碎,同时边加固定液边将较大的组织块去除。

③干燥:在酒精灯上微微加热,将液滴烤干。

④染色:干燥后的片子用Giemsa染色液染色30 min,蒸馏水洗净,在空气中干燥。

⑤镜检。

【实验结果】

（1）常规压片法中，在低倍镜下，根尖分生区的细胞分散较好（大蒜根尖细胞比洋葱根尖细胞略大，更容易观察），为单层细胞。在高倍镜下，单个游离细胞较多。未经预处理的根尖细胞中有处于细胞分裂期不同阶段的特征细胞（图15-1 A），经过预处理的根尖细胞中处于分裂中期的细胞数量明显增多（图15-1 B）。可以看出染色体之间长度相差不大，为中部或近中部着丝粒染色体，但不容易看清并计算出染色体的数目。

（2）去壁低渗火焰干燥法中，除了可以清晰地看到不同分裂期细胞内染色体的形态，还可以统计出洋葱（图15-1 C）或大蒜（图15-1 D）染色体的数目，可同时进行染色体核型分析。

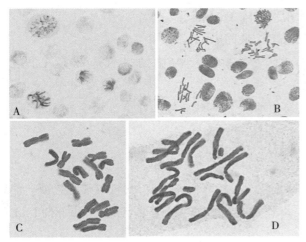

图15-1 ｜ 洋葱和大蒜根尖细胞染色体

【注意事项】

（1）固定液要现用现配，固定完全后再打散细胞团块，否则细胞容易破碎，染色体分散也受到影响。

（2）在酶解的过程中要注意防止酶液干燥。

（3）注意把握低渗处理的时间，低渗处理过度，细胞会破裂，造成染色体丢失。低渗处理不足，则染色体聚集在一起，分散不好。

思考题

（1）两种制片方法分别有什么特点？

（2）在酶解过程中，如何把握材料酶解的程度？

（3）在去壁低渗火焰干燥法中，载玻片为何要进行预冷处理？

实验16 ｜ 传代细胞培养及观察

【实验目的】

(1)掌握贴壁细胞传代培养的基本操作方法。

(2)观察传代细胞贴壁、生长和繁殖过程中细胞形态的变化。

(3)掌握细胞培养过程中的细胞计数和存活率计算方法。

【实验原理】

细胞培养是将动物体内的组织(或器官)取出,模拟动物体内的生理条件,在体外进行培养,使得细胞能够继续生长增殖的实验技术,人们借以观察细胞的生长、增殖、分化以及衰老等过程的生命现象。细胞体外培养始于1907年,美国动物学家哈里森(R. Harrison)在无菌条件下,以淋巴液作培养基,培养了两栖类胚的神经管组织块,观察到神经细胞的增殖和神经元的分化。目前,细胞培养技术已被广泛地应用于生物学的各个领域,如分子生物学、细胞生物学、遗传学、免疫学、肿瘤学及病毒学等。利用动物细胞培养可生产具有重要医用价值的酶、生长因子、疫苗和单克隆抗体等。

细胞培养分为原代培养和传代培养。原代细胞培养是指直接从有机体内获取组织细胞进行首次培养。这种培养,首先要用无菌操作的方法,从动物体内取出所需的组织(或器官),经消化,分散成为单个游离的细胞,在人工培养条件下,使其不断地生长及增殖。细胞由原培养瓶内分散稀释后,转移到新的容器扩大培养,这个过程称为细胞传代培养。原代培养物经首次传代成功后即为细胞系(cell line),一般情况下,当细胞传至50代以后就不能再传下去了。这种传代次数有限的体外培养细胞通常称为有限细胞系(finite cell line)。如果在传代过程中有部分细胞发生了遗传突变,并带有癌细胞的特点,可以无限制地连续传代培养,这种传代细胞称为连续细胞系(continuous cell line)。该细胞系的特点是染色体明显改变,一般呈亚二倍体或非整倍体,失去细胞接触抑制,容易传代培养,例如大家比较熟悉的由宫颈癌组织培养、选育成的HeLa细胞系和来自仓鼠卵巢瘤的CHO细胞系等。用单细胞克隆培养或药物筛选的方法从某一细胞系中分离出单个细胞,并由此增殖形成的细胞群称为细胞株(cell strain),细胞株具有特殊的遗传标志或性质。

要使细胞能在体外长期生长,必须满足两个基本要求:一是供给细胞存活所必需的条件,如适量的水、无机盐、氨基酸、维生素、葡萄糖及有关的生长因子、氧气、适宜的温度,注意外环境酸碱度与渗透压的调节;二是严格控制无菌条件。培养基是维持体外细胞或组织生存和生长的溶液,是细胞或组织培养的重要条件,有天然培养基和合成培养基两种。天然培养基主要取自动物体液或从动物组织分离提取,优点是营养十分丰富,培养效果好,但其成分复杂,来源受限。常用的天然培养基主要有血清、胚胎浸液、血浆等。合成培养基是根据天然培养基的成分,用化学物质模拟合成的,在很多方面有天然培养基无法相比的优点,它给细胞提供了一个既近似体内生存环境,又便于控制和标准化的体外生存环境,但它不能完全满足细胞体外生长的营养需求,应加一定比例的天然培养基。

动物细胞培养主要分为贴壁和悬浮两种方法,贴壁培养型细胞必须附着在支持物上才能生长,而悬浮培养型细胞可以游离在培养液中生长。体外培养的细胞,不论是原代细胞还是传代细胞,一般不能保持体内原有的细胞形态,但大体可以分为两种基本形态:成纤维样细胞(fibroblast-like cell)与上皮样细胞(epithelial-like cell)。此外还有一些可移动的游走细胞。多数细胞系和原代细胞都会以一种单层的形式生长(单层细胞),即黏附、铺展于培养器皿和载体表面生长而形成细胞单层。在培养离体贴壁细胞过程中,当群体增殖形成的单层细胞群体达到饱和密度时,必须进行传代。传代过程是通过胰蛋白酶消化使细胞从培养瓶(皿)上脱落并分散成单细胞,计数后适当稀释,从旧培养瓶(皿)转移到新培养瓶(皿)并给予新鲜培养液进行再培养。在细胞传代培养的过程中,环境对于细胞的增殖与形态会产生重要的影响。细胞的生长有其最适 pH,为了降低细胞生长过程中产生的代谢废物对培养基酸碱度的影响,实验室常采用5% CO_2(95% 空气 + 5% CO_2,101.325 kPa),以及一定浓度的 $NaHCO_3$ 缓冲体系来培养细胞。$NaHCO_3$ 缓冲体系本身具有一定的缓冲能力,能够较好地维持培养基的酸碱度。细胞培养过程中会产生酸性的代谢物质,当酸性代谢物质逐渐增多时,培养液中会有 CO_2 溢出,从而减弱缓冲体系的缓冲能力。因此,保持气相中的 CO_2 浓度与培养液中 $NaHCO_3$ 浓度相对平衡,将大大有助于提升其缓冲能力,为细胞创造良好的生长条件。

在细胞培养过程中,通过对培养一定时间的细胞进行计数,可以推断出细胞培养的最适条件。血细胞计数板就是一种专门用于对较大的单细胞进行计数的工具。在计数板的中间有两个被短横槽隔开的井字形方格网。方格网上刻有9个大方格(1 mm×1 mm×0.1 mm,容积为 0.1 mm^3),四角的大方格被分为16个中方格,而中心的大方格被分为16×25个小方格。在血细胞计数板上标识的0.1 mm 为盖上盖玻片后计数室的高度,1/400 mm^2 表示的是小方格的面积。如细胞位于大方格的边线上,计数时数上线不数下线,数左线不数右线。多个细胞组成的团块仅计为一个细胞。细胞密度计算公式如下:

细胞密度(细胞数/mL)= 四角的大方格细胞总数的平均数 ×10^4× 稀释倍数

在细胞培养过程中,例如细胞计数时,常需要区分活细胞和死细胞。台盼蓝染色是组织和细胞培养中最常用的死细胞鉴定染色方法之一,可以非常简单、快捷地区分活细胞和死细胞。活细胞由于细胞膜完整,可以阻止台盼蓝进入细胞内,因此不会被染成蓝色。而死细胞细胞膜受损,台盼蓝可穿透细胞膜进入细胞内使死细胞着色。通过显微镜可以很容易地识别出被台盼蓝染色的死细胞。

【实验用品】

1. 主要实验材料

人宫颈癌细胞(HeLa)、小鼠骨髓瘤细胞系SP2/0或中国仓鼠卵巢(CHO)细胞、细胞贴片等。

2. 主要实验器具

超净工作台、恒温培养箱、普通光学显微镜、倒置相差显微镜、高压蒸汽灭菌锅、水浴箱、离心机、25 cm²培养瓶、离心管、吸管、血细胞计数板、微量移液器、吸头、酒精灯、75%酒精棉球、记号笔、小布袋等。

3. 主要实验试剂

PBS缓冲液、RPMI 1640培养液(含小牛血清和青霉素、链霉素)、0.25%胰蛋白酶液、0.2%新洁尔灭或75%乙醇、0.4%台盼蓝染液。

【方法与步骤】

1. 培养前的准备

穿好灭菌的工作服,根据实验内容的要求,准备好已消毒干燥的所需用品,清点无误后按方便使用的原则布置在超净工作台内。

(1)超净工作台消毒。

在进行实验操作前,打开紫外线杀菌灯照射消毒20~30 min,然后关闭紫外灯,打开风机,流入的空气是经过除菌板过滤的空气。为防止培养细胞和培养液受到紫外线照射,消毒前应预先放在带盖容器内或在消毒后放入。

(2)洗手。

洗净双手,然后用0.2%新洁尔灭或75%乙醇擦拭。

(3)火焰消毒。

在超净台内操作时,首先要点燃酒精灯,此后一切操作如安装吸管皮头、打开或加盖瓶塞、使用玻璃吸管等都要经过火焰并在靠近火焰处进行。

2. 贴壁细胞(HeLa 细胞)的传代培养

(1)选取生长良好的 HeLa 细胞一瓶,在超净工作台的酒精灯旁,倒去瓶中的旧培养液,加入 2~3 mL 的 PBS 缓冲液,轻轻振荡漂洗细胞 1 次,以除去悬浮在细胞表面的碎片。

(2)加入 0.5~1.0 mL 0.25% 胰蛋白酶液,轻轻转动培养瓶,使其没过整个细胞层,置室温下或 37 ℃恒温培养箱内消化 3~5 min。翻转培养瓶,肉眼观察细胞单层,见细胞单层薄膜上出现针孔大小空隙时即可吸去消化液。也可以把培养瓶放在倒置相差显微镜下进行观察,发现胞质回缩、细胞间隙增大,应立即终止消化。如见消化程度不够时,可再延长消化 1~2 min。如见细胞大片脱落,表明已消化过头,则不能倒去消化液,否则就丢失了细胞,应该直接进行以下操作。

(3)加入约 3 mL 培养液于培养瓶中终止消化。吸取瓶中培养液反复吹打瓶壁上的细胞层,直至瓶壁上的细胞全被冲下,再轻轻吹打混匀,形成单细胞悬液。

(4)接种细胞:取样计数,调整细胞密度约为 5×10^5 个/mL,然后吸取 1 mL 细胞悬液加到另一新的培养瓶中,原瓶留下 1 mL 细胞悬液,弃去多余悬液,并向每瓶中加 4 mL 培养液。HeLa 细胞一般以 1:2 或 1:3 的比例进行分装,即一瓶细胞可传代 2~3 瓶。

(5)分装好的细胞,应在培养瓶上做好标记,注明代号、日期,轻轻摇匀,置 37 ℃ CO_2 恒温培养箱中培养。

(6)观察:细胞培养 24 h 后,即可观察培养液的颜色及细胞的生长情况,也可用 0.4% 台盼蓝染液染色,以确定死、活细胞的比例。

3. 悬浮细胞的传代培养

因悬浮细胞不贴壁,所以要经离心收集细胞后再传代。其过程如下:

(1)取生长良好的细胞,在超净工作台用无菌吸管把培养瓶中的细胞吹打均匀。

(2)转移到无菌的离心管中,盖紧胶盖,平衡后离心(1 000 r/min)5 min。

(3)在超净台中弃去上清液,加入适量新培养液,用吸管吹打细胞,制成悬液。

(4)以 1:2 或 1:3 的比例进行分装,并在培养瓶上做好标记,注明代号、日期,轻轻摇匀,置 37 ℃ CO_2 恒温培养箱中培养。

(5)观察:细胞培养 24 h 后,即可进行观察,形态上的观察一般可用倒置相差显微镜进行,生长良好的细胞,透明度高,细胞内颗粒少,没有空泡,细胞膜清晰,培养液中看不到碎片。

4. 细胞计数

(1)将血细胞计数板擦干净(盖玻片也应擦干净),并盖好。

(2)将细胞悬液与 0.4% 台盼蓝染液按 1:2 的比例混合,用微量移液器吸取少量稀释后的细胞悬液沿盖玻片边缘缓慢滴加,使其借毛细现象而自动渗入并充满计数板和盖玻片之间的空隙。如滴入过多,液体溢出并流入两侧深槽内,使盖玻片浮起,体积改变,这样会影响计数结果,此时须用滤纸片把多余的液体吸出,以深槽内没有液体为宜。如滴入液体过少,经多次充液,易形成气泡,应洗净计数室,干燥后重新操作。

(3)细胞稀释液滴入计数室后,须静置2~3 min,然后在低倍显微镜下计数。计数时只计完整的细胞,若聚集成团则按一个细胞进行计数。如果细胞位于线上,一般计上不计下,计左不计右。

5. 培养细胞的观察

(1)用倒置相差显微镜观察活细胞。

每天对培养的细胞做常规检查,检查的主要内容是:污染与否、细胞生长状态和培养液颜色变化等情况。如发现培养液颜色变为柠檬黄又显浑浊,表明可能被污染,细胞不易贴壁而逐渐死亡。如培养液变为紫红色,可能是培养瓶有裂口或瓶塞漏气,CO_2逸出或细胞由于生长不良而大量死亡。如培养液为橘红色,一般说明细胞生长状态良好。

在倒置相差显微镜下,可以见到活细胞内有一个圆形的细胞核,中间有一至数个核仁,在细胞核外还有富含颗粒的内质和比较清亮的外质,在细胞分裂时期可以看到染色体在细胞中部排列成一列,并形成一条亮带(中期)或两条亮带(后期),到末期,细胞呈哑铃状。以上内容可在细胞传代后前3天每天观察1次,以认识细胞形态特点和各时期细胞群体、个体的特征。根据生长状况,我们把接种后的细胞生长过程划分为如下5个阶段:

A.游离期:经消化分散制成细胞悬液后,在原生质收缩和表面张力等因素的影响下,接种后在培养液中呈悬浮状态的细胞多呈圆形,折光率高。此期从消化分散后可延续一小时至数小时。

B.贴壁期:由于细胞有依附生长的特性,接种后细胞静置培养一段时间后,即附着于瓶壁上。大多数细胞在24 h内均能贴壁,但是不同种类的细胞所需时间不同。此外,细胞代谢状况、培养瓶是否洁净等对细胞贴壁也有明显的影响,在显微镜下观察,可见此阶段的细胞非常透明,立体感强,胞内颗粒少。

C.增殖期:进入增殖期的细胞加速了生长和分裂,从形成细胞岛(呈孤立小岛状)直到铺满液体浸泡的瓶壁,形成良好的细胞单层。此阶段的细胞透明、颗粒较少,细胞间的界线清晰,并隐约可看到细胞核。根据细胞占瓶壁有效面积(指可供细胞生长的瓶壁的面积)的百分率可将其生长情况分为四级,以"+"表示如下:

+,细胞约占瓶壁有效面积的25%以下。

++,细胞占瓶壁有效面积的25%~75%。

+++,细胞占瓶壁有效面积的75%~95%,排列致密,但仍有空隙。

++++,细胞占瓶壁有效面积的95%以上,细胞已铺满或接近铺满单层,单层致密,透明度好。

从++到++++为细胞的对数增长期(或指数增长期)。

D.维持期:细胞形成良好单层后,彼此接触,移动运动停止,这种现象称为接触抑制(contact inhibition）。接触抑制并不抑制细胞分裂，直到细胞达到一定密度后才停止分裂。此后细胞界线逐渐模糊，细胞质内颗粒逐渐增多，细胞透明度差、立体感也较差。在此期间，由于细胞代谢产物的积累使培养液逐渐变酸，培养液内所含酚红指示剂，会使培养液由橙黄色变为黄色。

E.衰退期：细胞长满培养瓶之后，如不及时进行传代，就会因为培养液内营养物质的消耗和有害代谢产物的积累而使细胞进入衰退期。在此期间可看到细胞间出现空隙，细胞不很透明，细胞质中颗粒更多，立体感更差。如经固定染色后，可见脂肪滴增多、增大。最后，细胞皱缩并从瓶壁上脱落下来。观察时可用台盼蓝染液染色，以区分活细胞与死细胞，确定细胞的状态。

（2）用普通光学显微镜观察经固定的细胞。

人癌细胞可以制成贴片，贴片经固定、染色制成永久装片，从贴片上可以看到癌细胞的形态结构及癌细胞各生长时期的特征：

A.游离期：细胞呈圆形，悬浮于培养液中。（这是细胞刚传代后的形态，贴片上看不到。）

B.贴壁期：细胞贴壁伸展成各种固有的形态，一般成纤维样细胞为长梭形，上皮样细胞为多边形或瓦块形，也有的呈短梭形。在细胞密度不大时，贴壁细胞为单个游离分布（图16-1 A）。

C.增殖期：细胞大量增殖，在低密度时可见到细胞岛，细胞岛是一个或一群细胞增殖后的形态，为一团密集排列的细胞，其中分布有圆球形的着色深的分裂期细胞，有时还可见到其中的染色体带（图16-1 B、E）。

D.维持期：细胞在玻片上形成单层或大片团块，细胞呈多边形镶嵌，有清楚的细胞核和核仁，分裂相减少（图16-1 C）。

E.衰退期：细胞松散脱落，细胞内出现空泡、颗粒，有的细胞异常伸长变形（图16-1 D、F）。

HeLa细胞分裂相情况见图16-2。

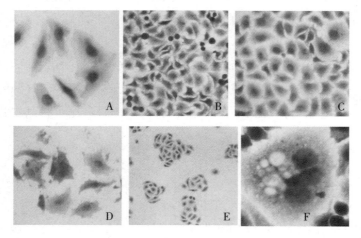

图16-1　｜　HeLa细胞各生长时期特征

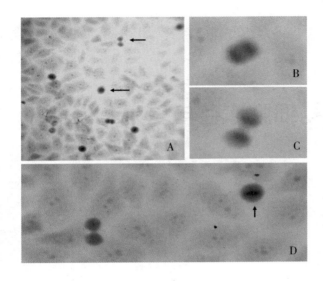

图16-2 | HeLa细胞分裂相

A. 细胞分裂相(箭头所示);B. 分裂后期细胞;C. 分裂末期细胞;D. 分裂中期细胞(箭头所示)。

【注意事项】

实验过程中要严格进行无菌操作,用具、器皿要高压蒸汽灭菌。尽量小心取用无菌的实验物品,避免造成污染。勿碰触吸管尖头部或是容器瓶口,不要在开口容器的正上方操作实验。容器打开后,以手夹住瓶盖并握住瓶身,倾斜45°进行操作。

思考题

(1)细胞培养过程中,培养液为什么会变酸?如果这时不换培养液,将会出现什么情况?

(2)细胞培养过程中如何防止污染是一个很重要的问题,结合自己整个实验操作过程,你认为细胞培养获得成功的关键要素是什么?

实验 17 | 动物细胞冻存与复苏

【实验目的】

(1)了解细胞冷冻保存的原理和意义,掌握细胞冻存和复苏方法。

(2)掌握细胞培养过程中的细胞计数和存活率计算方法。

【实验原理】

为长期保存细胞,须将细胞冻存,但在冻存过程中,细胞内的水分很容易形成冰晶,造成细胞的死亡。为了解决这一问题,可在培养液中添加冷冻保护剂。冷冻保护剂具有亲水性,对细胞毒性小,分子量小,溶解度大,易穿过细胞膜,可使溶液凝固点下降,提高细胞对水的通透性。现广泛使用甘油和DMSO(二甲基亚砜)作冷冻保护剂,在冷冻保护剂存在的条件下,培养细胞可长期保存于液氮($-196\ ℃$)中。

【实验用品】

1. 主要实验材料

人宫颈癌细胞(HeLa)。

2. 主要实验器具

超净工作台、恒温培养箱、普通光学显微镜、倒置相差显微镜、高压蒸汽灭菌锅、水浴箱、离心机、$25\ cm^2$培养瓶、离心管、冻存管、吸管、血细胞计数板、微量移液器、吸头、酒精灯、75%酒精棉球、记号笔、小布袋等。

3. 主要实验试剂

PBS缓冲液、RPMI 1640培养液(含小牛血清和青霉素、链霉素)、0.25%胰蛋白酶液、75%乙醇、冻存培养液(含10%DMSO或甘油)、0.4%台盼蓝染液。

【方法与步骤】

1. 细胞的冻存

体外培养细胞从进入增殖期到形成致密单层以前都可以用于冻存,最好是处于对数生长期的细胞。

(1)除去培养液,用PBS缓冲液洗2次,加入0.25%胰蛋白酶液进行消化制成细胞悬液(方法同实验16)。

(2)将悬液移入离心管,加盖,平衡后800 r/min离心5~10 min。弃去上清液,加入1 mL冻存液,混匀制成细胞悬液。调整细胞密度至$3×10^6$个/mL左右。将细胞悬液分装在消毒冻存管(2 mL)内,盖紧冻存管盖。

(3)在冻存管上做好标记,装入小布袋中(注明细胞名称、日期),挂上标签进行冻存。一般而言,细胞以1~10 ℃/min的速度下降温度为宜。在没有程序控制冷冻器设备的条件下,可先将冻存管置于4 ℃冰箱0.5 h,−20 ℃冰箱1.5~2 h,然后移入液氮容器的气相部位4~12 h,再迅速浸入液氮中冻存。

2. 细胞的复苏

复苏细胞与冻存的要求相反,冻存细胞的复苏应以水分快速融化为原则,以避免由于缓慢融化使水分渗入细胞内再结晶对细胞造成损伤。

(1)从液氮容器中迅速取出所需冻存管,为使培养物能快速通过对细胞有损害的−50~0 ℃的区间,应立即投入盛有40 ℃温水的容器内,摇动冻存管使其中水分在1 min内迅速完全融化。

(2)在无菌条件下打开冻存管,吸取细胞悬液于离心管中,加入新鲜培养基,离心弃上清液,再加入完全培养基,混匀细胞,将细胞悬液移入新的培养瓶中,置于37 ℃恒温箱培养。可取少量细胞悬液计数,以计算冻存细胞存活率。

(3)待细胞贴壁后(4~6 h),换液再培养。细胞长满瓶壁后可进行传代培养。

【注意事项】

（1）由于DMSO在室温状态下易损伤细胞，因此当在细胞中加入含有DMSO的冻存液后，要尽快放入4 ℃的环境中。

（2）从液氮罐取放细胞时最好戴手套，以免皮肤接触液氮而冻伤，冻存细胞的容器必须有专人负责，经常检查，定期补充液氮。

思考题 ？

在细胞的冻存与复苏的过程中，应该注意哪些关键步骤？

实验18 | MTT法测定细胞活力

【实验目的】

(1)掌握MTT法测定细胞活力的原理和方法。

(2)学会利用MTT法测定药物对细胞活力的影响。

【实验原理】

体外培养的细胞在一般条件下要求有一定的密度才能生长良好,因此需要进行细胞计数,确定细胞密度。复苏后的细胞也要检查活力,了解冻存和复苏的效果。计数结果以每毫升培养液中的细胞数量表示。

细胞计数的原理和方法与血细胞计数相同。在细胞群体中总有一些因各种原因而死亡的细胞,总细胞中活细胞所占的百分比叫作细胞活力,由组织中分离细胞一般也要检查细胞活力,以了解分离的过程对细胞是否有损伤作用。

使用四甲基偶氮唑盐(MTT)法测定细胞活力时,活细胞线粒体中的琥珀酸脱氢酶可使MTT分解产生蓝紫色结晶状颗粒积于细胞内,死细胞无此功能。其量与活细胞数成正比,也与细胞活力成正比。DMSO能溶解细胞中的蓝紫色结晶物,用酶标仪或分光光度计在490 nm波长处测定其光吸收值,是一种检测细胞存活与生长情况的好方法。

此方法广泛应用于一些生物活性因子的活性检测,大规模抗肿瘤药物的筛选,细胞毒性实验等,其特点是灵敏度高,重复性好,操作简便快速,易自动化。

细胞骨架是指细胞内由骨架蛋白构成的三维网络结构,它对于支撑细胞的外形,维持细胞内细胞器的正常分布,细胞的黏附、运动变形及从细胞表面向细胞内部传导力学信号都具有极其重要的作用。从光镜、电镜、免疫和生化等方面的研究来看,细胞骨架结构按其大小细分为三类:第一类为肌动蛋白(actin)组成的细丝,称为微丝(microfilament, MF),直径为5~7 nm;第二类为由微管蛋白等多种蛋白亚单位组成的微管(microtubule, MT),呈中空圆柱状结构,外径约为25 nm,内径约为15 nm;第三类为直径约10 nm(介于前两者之间)的蛋白质纤维,称为中间丝或中间纤维(intermediate filament, IF)。对于肿瘤细胞而言细胞骨架的异常可能与其生长、侵袭和转移行为有密切的关系。细胞松弛素D(cytochalasin D,CD)是微丝的特异性抑制物,对微丝有明显的抑制作用,从而影响细胞的活性,高浓度细胞松弛素D甚至会杀死细胞。

本实验用一系列不同浓度的细胞松弛素D处理细胞后,采用MTT法测定细胞活力,从而观测不同浓度的细胞松弛素D对细胞活力的影响。

【实验用品】

1. 主要实验材料

细胞悬液。

2. 主要实验器具

倒置显微镜、普通光学显微镜、试管、吸管、酶标仪(或分光光度计)、96孔板、吸管、移液枪及枪头、血细胞计数板。

3. 主要实验试剂

(1)0.5%MTT溶液:MTT 0.5 g,溶于100 mL的PBS缓冲液中。0.22 μm微孔滤膜过滤除菌,4 ℃下保存。

(2)DMSO。

(3)0.25%胰蛋白酶液。

(4)小牛血清。

(5)RPMI 1640培养液。

(6)细胞松弛素D。

储备液(50 μg/mL):用PBS缓冲液配制,0.22 μm微孔滤膜过滤除菌,4 ℃下保存。

工作液浓度(用培养液稀释):0.1 μg/mL、0.2 μg/mL、0.4 μg/mL、0.6 μg/mL、0.8 μg/mL、1.0 μg/mL。

【方法与步骤】

1.制备细胞悬液并接种于96孔板

用0.25%胰蛋白酶液将培养细胞消化成细胞悬液,用血细胞计数板计数,用10%小牛血清培养基把细胞悬液稀释到10 000个/mL,接种到96孔板,每孔200 μL细胞悬液。

2.培养细胞

培养一定时间(约48 h),细胞铺满底面70%左右。

3. 加入不同浓度的细胞松弛素D

吸去细胞培养液,加入200 μL细胞松弛素D工作液,终浓度分别为0.1 μg/mL、0.2 μg/mL、0.4 μg/mL、0.6 μg/mL、0.8 μg/mL、1.0 μg/mL,每种浓度5孔。另有一排5孔加入不含细胞松弛素D的培养液,作为对照。药物作用1 h。

4. 加入MTT溶液

吸去细胞松弛素D工作液和培养液,每孔加入0.5%MTT溶液20 μL,37 ℃下保温2～4 h。

5. 加入DMSO

吸去MTT溶液,每孔加入150 μL DMSO,振荡10 min。

6.比色

选择酶标仪或分光光度计490 nm比色,DMSO作为零点。

7.绘制细胞活性曲线

以细胞松弛素D药物浓度为横轴,以光吸收值为纵轴绘制细胞活性曲线。

【实验结果】

根据活性曲线判断在固定时间内,哪种药物浓度对细胞的活性影响最大,并求出临界值。

【注意事项】

(1)设立空白对照,不加细胞松弛素D的细胞组为对照组。

(2)避免血清干扰,血清浓度高于15%时会影响光吸收值,一般控制血清浓度在10%以下。

(3)选择合适的细胞接种浓度,一般选择将细胞悬液稀释到10 000 个/mL。

思考题

(1)MTT在本实验中的作用是什么?

(2)查阅资料,举一个药物研发中用MTT法测定药物对细胞活性影响的例子。

实验19 | 动物细胞融合

【实验目的】

(1)了解聚乙二醇诱导动物体细胞融合的基本原理。
(2)初步掌握细胞融合的基本方法。

【实验原理】

细胞融合(cell fusion)又称细胞杂交,是指用人工方法使两个或两个以上的细胞融合在一起,随后它们同步进入有丝分裂,核膜崩解,来自亲本细胞的基因组合在一起,形成只含有一个细胞核的杂交细胞(hybrid cell)。若发生融合的两个细胞来自同一个亲本,形成的融合细胞称为同核体。若发生融合的两个细胞来自不同亲本,形成的融合细胞则称为异核体。细胞融合得到的多核细胞大多只能存活十几天就相继死亡,只有双核细胞才能长期存活下来。

细胞融合不受种属的局限,可实现种间生物体细胞融合,使远缘杂交成为可能,因而是改造细胞遗传物质的有力手段,目前被广泛应用于细胞生物学、遗传育种和医学研究等各个领域。单克隆抗体的制备技术就是依靠能产生抗体的淋巴细胞和肿瘤细胞间的细胞融合技术发展起来的。

诱导细胞发生融合的方法有许多种,常用的主要有生物方法(灭活的仙台病毒)、化学方法(聚乙二醇)和物理方法(电脉冲)。

聚乙二醇(polyethylene glycol,PEG)是乙二醇的多聚化合物,存在一系列不同分子量的多聚体(分子量为200~6 000),是目前最常用的一种化学助融剂。一般应用分子量为4 000~6 000的PEG引起细胞聚集并产生高频率的细胞融合。PEG诱导细胞发生融合至少有两方面的作用:①借氢键与水分子结合,在高浓度的PEG溶液中自由水消失,促使细胞发生凝集;②改变各类细胞质膜的结构,进而使两细胞接触点处质膜的脂类分子发生疏散和重组,引起细胞融合。

PEG诱导细胞发生融合,其融合效果受以下几个因素影响。①PEG的分子量与浓度:细胞融合效果与PEG的分子量和浓度成正比,但PEG的分子量和浓度越大,对细胞的毒性也就越大。为了兼顾二者,一般采用分子量为4 000,浓度为50%的PEG溶液。②PEG的处理时间和温度:处理温度过高或时间过长,PEG对细胞膜损害严重,产生大量裸核;处理温度过低或时间过短,PEG对细胞膜的作用强度不够,融合率不高。③细胞密度:密度过小,细胞因无缘接触导致融合率降低;密度过大,则容易产生大量多核体。

【实验用品】

1. 主要实验材料

新鲜抗凝鸡血:洁净的烧杯中加入 10 mL 1 g/L 肝素钠溶液(肝素钠效价≥125 U/mg),收集新鲜鸡血 100 mL,用玻璃棒快速搅拌至混合均匀。

2. 主要实验器具

离心机、普通光学显微镜、水浴锅、烧杯、玻璃棒、锥形瓶、容量瓶、10 mL 离心管、5 mL 移液枪及枪头、1 mL 移液枪及枪头、血细胞计数板、胶头滴管、载玻片、盖玻片、吸水纸等。

3. 主要实验试剂

(1)0.85%生理盐水:取 8.5 g NaCl,溶于 1 L 双蒸水中。

(2)GKN 溶液(缓冲液):取 NaCl 8.0 g,KCl 0.4 g,$Na_2HPO_4 \cdot 2H_2O$ 1.77 g,$NaH_2PO_4 \cdot H_2O$ 0.69 g,葡萄糖 2.0 g,酚红 0.01 g,溶于 1 L 双蒸水中。

(3)50%PEG 溶液:取 50 g PEG 4 000 置于 125 mL 的锥形瓶中,报纸包扎瓶口,121 ℃高压蒸汽灭菌 20 min。待冷却至 50 ℃时,加入 50 mL 预热至 50 ℃的 GKN 溶液,混匀,置 37 ℃下备用。

(4)Hank's 原液(10×):取 1 L 的烧杯一个,先加入双蒸水 800 mL,然后按表 19-1 中的顺序,逐一称取药品加入。

表 19-1 Hank's 原液配制表

药品	质量
NaCl	80.0 g
$Na_2HPO_4 \cdot 12H_2O$	1.2 g
KCl	4.0 g
KH_2PO_4	0.6 g
$MgSO_4 \cdot 7H_2O$	2.0 g
葡萄糖	10.0 g
$CaCl_2$溶液	见下文

$CaCl_2$ 溶液:称取 1.4 g $CaCl_2$,溶于 30～50 mL 的蒸馏水中。

必须在前一药品完全溶解后,方可加入下一药品,直到葡萄糖完全溶解后,再将已溶解的 $CaCl_2$ 溶液加入,最后加双蒸水定容至 1 L。

使用前取适量 10×原液,用蒸馏水稀释至 1×浓度(工作液)。

【方法与步骤】

1. 制备血细胞悬液(课前制备)

将收集的新鲜抗凝鸡血按 1:4 的体积比与 0.85% 生理盐水混合均匀,制成血细胞悬液。

2. 制备 10% 红细胞悬液

取 1 mL 血细胞悬液于离心管中,加入 4 mL 0.85% 生理盐水,混匀平衡后,1 000 r/min 离心 3 min,小心弃去 4 mL 上清液,重复上述步骤 1 次。加 GKN 溶液 4 mL,混匀后离心,弃去上清液。按照 $V_{细胞}:V_{GKN溶液}=1:9$ 的比例加入适量 GKN 溶液(约 1～2 mL),制成 10% 红细胞悬液备用。

3. 细胞计数

取 0.5 mL 步骤 2 制备的 10% 红细胞悬液到新离心管中,加 3.5 mL GKN 溶液进行稀释,利用血细胞计数板进行计数,并用 GKN 溶液将细胞密度调整至 $(3～4)×10^7$ 个/mL 左右。

4. 温育

取调整好细胞密度的红细胞悬液 1 mL 于新离心管中,加 5 mL Hank's 工作液混匀,1 000 r/min 离心 3 min,小心弃去上清液,用指弹法将细胞团块弹散,置于 38 ℃水浴锅中预热 2～3 min。

5. 融合

(1)沿管壁加入 1 mL 已预热的 50% PEG 溶液,边加边轻轻摇晃离心管使其混匀(要求在 1 min 内滴加完成),之后再静置 5 min。此过程要求全部在 38 ℃水浴中进行。

(2)缓慢滴加 9 mL Hank's 工作液,38 ℃水浴中孵育 5 min,中止 PEG 作用。

6. 观察

取出离心管,1 000 r/min 离心 5 min,使细胞完全沉降。弃去上清液,加 Hank's 工作液 5 mL 重悬细胞,再次离心,留少许上清液,将离心管底的细胞团用手指弹散。取未融合和融合的红细胞悬液分别滴在 2 张干净的载玻片上,盖上盖玻片,吸去多余液体,在普通光学显微镜下观察对照组的正常细胞形态和实验组的融合情况。

7. 计算融合率

细胞融合率是指在显微镜视野内,已发生融合的细胞细胞核数量与该视野内所有细胞的细胞核总数之比,通常以百分比表示,而且需要进行多视野测定,计算平均值,以减小误差。

【实验结果】

在普通光学显微镜下可以看到,未融合的细胞呈橄榄形,较大的细胞核位于细胞中央。进行了融合处理的细胞悬液中能看到各种形态的鸡红细胞:有单个游离,没有受到PEG影响的橄榄形细胞;有没有发生融合但被PEG处理过度只剩裸核的细胞;有连在一起,正在进行融合的两个细胞;也有两个细胞完成融合形成的细胞;还有多个细胞融合形成的多核体细胞。(见图19-1)

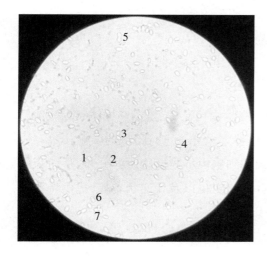

图19-1 │ PEG诱导的鸡红细胞体外融合

1.没有受PEG影响的正常细胞;2.没有发生融合但被PEG处理过度只剩裸核的细胞;3.两个刚接触在一起的细胞;4.多个连在一起的细胞;5.两个正在发生融合的细胞;6.体积为正常细胞的1.5～2.0倍,已经完成融合的细胞;7.重叠在一起的多个细胞。

【注意事项】

(1)血细胞计数板的规范使用须注意。

(2)pH也是影响细胞融合成功与否的关键因素之一,所配的试剂溶液pH应控制在7.0～7.2。

(3)加入Hank's工作液中止PEG作用是通过降低PEG浓度实现的。

(4)要会区分视野中是细胞融合还是细胞重叠。

思考题

(1)PEG诱导鸡红细胞发生融合后,你观察到了哪几种类型的细胞?

(2)结合自己的实验结果分析说明影响本次实验成败的关键环节有哪些。

实验20 免疫细胞化学染色与观察

【实验目的】

(1)理解免疫细胞化学技术的原理,掌握免疫细胞化学实验技术。

(2)分析目标蛋白在细胞中的定位、定性与相对含量。

【实验原理】

免疫细胞化学技术,又称免疫组织化学技术,是利用免疫学中抗原、抗体以及补体间专一性反应,结合显微或亚显微组织学的研究方法,对细胞或组织中特定大分子进行检测的实验技术。应用免疫细胞化学技术,可以在光镜和电镜水平上观察组织和细胞内特异性物质的分布,从而为研究生物大分子,特别是酶、激素及受体蛋白等在细胞内的定性、定位以及代谢状态等,提供特异性强、灵敏度高、容易观察而又能进行相对定量分析的检测手段。

根据免疫学原理,抗原与其相应的抗体之间的结合反应是高度特异的。所以,可根据已知的抗体或抗原,了解相应的抗原或抗体的性质和存在部位。一般说来,发生在固定组织或细胞内的抗原抗体反应是不能直接观察到的。但如果事先将某种酶、荧光素、同位素、胶体金等标记在抗体分子上,就能凭借普通光学显微镜、荧光显微镜或电子显微镜等观察标本中酶促反应的产物、荧光物质、放射自显影产生的卤化银颗粒或电子致密物(胶体金)所在部位,从而确定特异抗原物质的定位和分布。

根据所采用的标记物及其显示方法的不同,免疫细胞化学技术可分为:酶标记抗体法、非标记抗体过氧化物酶-抗过氧化物酶抗体复合物(PAP)法、荧光抗体法、胶体金标记抗体法、同位素标记抗体法等。尽管这些方法的观察原理各不相同,但其技术流程基本相似。非荧光标记法定位准确,对比度好,染色标本可长期保存,适合于光镜、电镜研究等。随着方法的不断改进和创新,其特异性和灵敏度都在不断提高,使用也越来越方便,现已在病理诊断中广泛使用。

在免疫细胞化学技术的应用中,设置严格的对照是非常重要的,其目的在于证明和确定结果的可靠性,排除可能出现的非特异性反应。最基本的对照组设置包括:阳性对照、阴性对照和空白对照等。阳性对照是用已知抗原阳性的切片标本与待检标本同时进行免疫细胞化学染色,对照组应呈阳性结果。尤其当待检标本呈阴性结果时,阳性对照尤为重要。阴性对照是用确证不含已知抗原的标本做对照,应呈阴性结果,但这只是阴性对照的一种。其实空白、替代、吸收和抑制实验都属阴性对照。当待检标本呈阳性结果时,阴性对照就显得更加重要,用以排除假阳性。一般实验教学选用的材料中,作为抗原的蛋白已确定存在,而且实验主要目的是让学生了解和掌握相关的实验方法和技能,常常仅设置一两个对照组,但这对于科学研究来讲是远远不够的。在科研中,对免疫细胞化学检测结果的判断应持慎重的态度,要排除由于所用抗体或操作不当可能出现的假阳性或假阴性结果,必须严格设置对照组实验。此外,还应进行多次重复实验,并用几种方法进行验证,这一理念对初学者尤为重要。

免疫细胞化学实验从组织样品处理、固定、封闭、抗体孵育、显色到最后的封片及观察拍照,每一步都非常关键,需要严格控制实验流程中每个步骤的质量,才能最终达到预期的实验目的。免疫细胞化学技术由于其特异性、快速性和在细胞和分子水平上定位的敏感性与准确性,在免疫学、微生物学、细胞和组织学、病理学、肿瘤学以及临床检验学等生物学和医学领域的许多方面得到广泛应用,日益发挥重要的作用。

【实验用品】

1. 主要实验材料

石蜡包埋的动物组织。

2. 主要实验器具

切片机、展片机、培养箱、普通光学显微镜、载玻片、盖玻片、染色缸、移液器、吸头等。

3. 主要实验试剂

(1)0.01 mol/L pH=7.4 的 PBS 缓冲液。

(2)以目标蛋白为抗原的抗体,称为一抗,如兔抗小鼠抗 tubulin(微管蛋白)或抗 PCNA(增殖细胞核抗原)的抗体。

(3)辣根过氧化物酶(HRP)标记的二抗,以提供一抗动物的球蛋白为抗原的另一种动物的相应抗体,称为二抗,如 HRP 标记的山羊抗兔 IgG。

(4)二氨基联苯胺(DAB)显色液(0.5 g/L DAB 溶液,体积分数为 0.01% 的 H_2O_2 溶液):50 mg DAB 溶解于 100 mL 0.05 mol/L 的 Tris-HCl 缓冲液(pH=7.6)中,再加入 40 μL 30% H_2O_2。

(5)苏木精染液:先将 2 g 苏木精溶于 100 mL 乙醇中,再加 10 mL 冰乙酸,混合后加 100 mL 蒸馏水和100 mL甘油,然后加硫酸铝钾至饱和(约10 g),搅拌均匀,倒入瓶中。将瓶口用一层纱布包着小块棉花塞上,放在通风的暗处,并经常摇动,2~4周后待液体颜色变为深红色为止,若加入0.4 g碘酸钠可加快此过程。母液配制后放入冰箱可长期保存,一般刚配制的母液染色效果欠佳。

(6)质量分数为5%的牛血清白蛋白(BSA)溶液、二甲苯、100%无水乙醇、95%乙醇、90%乙醇、80%乙醇、70%乙醇、甲醇、30% H_2O_2。

【方法与步骤】

(1)石蜡包埋的动物组织在组织切片机上切成厚度为5 μm的薄片,铺展在有粘片剂(0.01%多聚赖氨酸)包被的载玻片上,在展片机上37 ℃烘干备用。

(2)石蜡切片放染色缸中,依次脱蜡复水:二甲苯脱蜡2次,10 min/次;二甲苯–100%无水乙醇(体积比1:1)混合液脱蜡10 min;100%无水乙醇处理3次,5 min/次;95%乙醇处理2 min;90%乙醇处理2 min;80%乙醇处理2 min;70%乙醇处理2 min。

(3)PBS缓冲液洗3次(不时摇晃或置于水平摇床上),每次5 min。

(4)体积分数3%的 H_2O_2 封闭:30% H_2O_2–甲醇–PBS缓冲液(体积比1:8:1)混合液,避光封闭10 min。

(5)PBS缓冲液洗3次,5 min/次。

(6)牛血清白蛋白(BSA)封闭:滴加质量分数为5%的 BSA 溶液200 μL/张,37 ℃培养箱封闭30 min。

(7)一抗孵育:用PBS缓冲液洗掉5% BSA 溶液后,加入一抗200 μL/张(具体用量根据材料多少确定,一抗用5% BSA溶液按比例稀释),37 ℃孵育1~2 h。

(8)PBS缓冲液洗3次,5 min/次。

(9)二抗孵育,200 μL/张,37 ℃孵育60 min。

(10)PBS缓冲液洗3次,5 min/次。

(11)用DAB显色液避光显色,镜检,待信号颜色为棕色时,放于清水中终止显色。

(12)苏木精染色,染色时间根据染色效果而定,从5 s至2 min不等,然后自来水冲洗10 min,复染,显微镜观察。

(13)梯度脱水:70%乙醇2 min;80%乙醇2 min;95%乙醇2 min;100%无水乙醇2次,5 min/次;二甲苯–100%无水乙醇(体积比1:1)混合液5 min;二甲苯2次,5 min/次。封片观察。

【实验结果】

阳性信号为棕褐色,而阴性对照仅被苏木精染为蓝色,无棕褐色。

【注意事项】

（1）反应体系的pH应以接近体液环境为宜,组织切片与各种标记抗体液应处于同一酸碱度（pH为7.0～7.4）。

（2）染色反应要在保湿容器内进行,以防止染色液的蒸发干涸。

（3）染色的抗原抗体反应要在37 ℃或室温下进行,但对于耐热能力差的抗原,要在4 ℃下延长反应时间。

（4）染色完毕即刻滴上甘油缓冲液并封以盖玻片,防止切片干涸。

思考题

（1）谈谈在免疫细胞化学染色中设置对照的重要性和如何设置阳性和阴性对照。

（2）实验中抗体最适宜的稀释度如何确定?

实验21 ┃ ELISA法检测免疫小鼠血清特异性IgG抗体

【实验目的】

（1）掌握用酶联免疫吸附试验检测血清中特异抗体滴度的实验方法。

（2）了解酶联免疫吸附试验的应用范围和常见检测分子。

【实验原理】

酶联免疫吸附试验（enzyme-linked immunosorbent assay，ELISA）是利用抗原抗体特异结合的特性，通过酶标记抗体或抗原检测目标抗原或抗体的一种免疫学检测方法，主要用于可溶性目标抗原或目标抗体的定性和定量检测。ELISA是目前最常用的一种固相酶免疫测定方法，多以塑料等为载体，将抗原或抗体结合到固相载体上。根据免疫吸附剂制备和操作的不同，ELISA可分为直接法、间接法、双抗体夹心法、双夹心法和竞争法等。

间接法是酶联免疫吸附试验中最常用的方法之一，其实验过程包括抗原包被、封闭酶标反应孔、加入待测样品、加入酶结合物、加入底物显色、反应终止和结果判读等步骤。在加入待测样品前须对样品进行稀释，稀释比例根据样品种类决定，如血清中含有较高浓度抗体，检测时一般采用1:50至1:400的稀释度。酶结合物一般为酶标第二抗体，常用辣根过氧化物酶（HRP）标记抗体。底物溶液首选TMB（四甲基联苯胺）-过氧化氢尿素溶液，也可用OPD（邻苯二胺）-H_2O_2底物液系统。TMB经HRP作用后其产物显蓝色。TMB性质较稳定，可配成溶液试剂，只须与H_2O_2溶液混合即成应用液。酶反应终止后，TMB产物由蓝色变成黄色，可通过酶标仪对每一孔的溶液读取光密度值，最适吸收波长为450 nm。在间接法和夹心法ELISA中，阳性孔呈色深于阴性孔。在竞争法ELISA中则相反，阴性孔呈色深于阳性孔。根据定性测定的结果作出"有"或"无"的回答，分别用"阳性"或"阴性"表示。也可用测定标本孔的吸收值与一组阴性测定孔平均吸收值的比值（P/N）表示，P/N大于某一数值时判断为阳性，数值的大小依据具体检测要求而定。在半定量测定中，将标本作一系列稀释后进行实验，呈阳性反应的最高稀释度即为滴度。根据滴度的高低，可以判断标本反应性的强弱,这比根据不稀释标本呈色的深浅来判断为强阳性或弱阳性更具定量意义。

【实验用品】

1.主要实验材料

OVA(卵清蛋白)抗原免疫小鼠血清,正常小鼠血清。

2.主要实验器具

酶标仪、恒温培养箱、酶标板、移液器、经高压蒸汽灭菌的吸头(1 000 μL、200 μL、10 μL各一盒)等。

3.主要实验试剂

(1)OVA抗原。

(2)HRP-羊抗小鼠IgG:工作稀释度1∶5 000至1∶10 000。

(3)PBS缓冲液:137 mmol/L NaCl,2.7 mmol/L KCl,4.3 mmol/L Na_2HPO_4,1.4 mmol/L KH_2PO_4,调pH=7.2。

(4)0.05 mol/L碳酸缓冲液:Na_2CO_3 0.15 g,$NaHCO_3$ 0.293 g,蒸馏水溶解并稀释至100 mL,调pH=9.6,4 ℃保存。

(5)封闭液:含0.5% BSA和0.1% Tween-20的PBS缓冲液。

(6)洗涤液:含0.1% Tween-20的PBS缓冲液。

(7)TMB(显色底物)溶液。

(8)终止液:2 mol/L的硫酸。

【方法与步骤】

(1)实验设计:实验设空白对照、阴性对照(正常小鼠血清)、一系列倍比稀释的OVA抗原免疫小鼠血清。设双复孔。

(2)包被抗原:根据实验设计计算抗原包被所需量,配制包被抗原液,用0.05 mol/L碳酸缓冲液稀释OVA抗原至每100 μL含1～10 μg,每孔加100 μL,4 ℃冰箱放置8～16 h。

(3)洗涤:弃去酶标板中的OVA抗原溶液,用洗涤液洗涤3次,每次2 min,吸水纸吸干洗涤液。

(4)加入封闭液200 μL,室温(20～37 ℃)摇床孵育1 h。

(5)弃去封闭液,可用洗涤液洗1次。

(6)加入待检小鼠血清100 μL/孔,空白对照加0.05 mol/L碳酸缓冲液100 μL,室温(20～37 ℃)下摇床孵育2 h。

(7)弃去小鼠血清,洗涤液洗3次,吸水纸吸干洗涤液。

(8)加HRP-羊抗小鼠IgG 100 μL/孔,室温(20~37 ℃)下摇床孵育2 h。

(9)弃去HRP-羊抗小鼠IgG,洗涤液洗3~5次,吸水纸吸干洗涤液。

(10)加底物:加入TMB溶液100 μL,室温下置于暗处10~15 min。

(11)加终止液:50 μL/孔。

(12)观察结果:用酶标仪检测并记录450 nm处的读数。

【实验结果】

TMB加入后,阳性孔显蓝色,终止液加入后呈黄色,颜色不再继续随时间延长而加深。空白对照颜色最淡或呈无色。用酶标仪读取450 nm处的光密度值。阳性判断标准:>阴性对照(3个孔均值)+2个标准差。

【注意事项】

(1)严谨的设计、优质的试剂、正确的操作和良好的仪器是保证ELISA检测结果可靠的必要条件。

(2)每次实验须设置阳性对照孔和阴性对照孔。阳性对照品(positive control)和阴性对照品(negative control)是检验实验有效性的控制品,同时也作为判断结果的对照。实验须设2~3个复孔。

(3)加样时应将所加物加在板孔的底部,避免加在孔壁上部,并注意不可溅出,不可产生气泡。

(4)聚苯乙烯等塑料对蛋白质的吸附是普遍性的,在洗涤时应把非特异性吸附的干扰物质洗涤下来,洗涤在ELISA过程中虽不是一个反应步骤,却也影响着实验结果的可靠性。

思考题 ?

(1)可用ELISA方法检测细胞培养上清液中的可溶性蛋白吗?

(2)酶标板是否可以用抗体包被?如果检测抗原具体步骤须如何修改?

实验22 HeLa细胞凋亡诱导与形态观察

【实验目的】

(1)了解细胞凋亡的原理。

(2)掌握离体诱导细胞凋亡的方法。

(3)掌握用普通光学显微镜和荧光显微镜观察凋亡细胞的形态学变化的方法,并从观察结果初步推断和识别凋亡细胞所处具体阶段。

【实验原理】

1.细胞凋亡的形态学和生化特征

1965年澳大利亚病理学家约翰·克尔(John Kerr)观察到结扎大鼠门静脉后,在局部缺血的情况下,大鼠肝细胞连续不断地转化为小的圆形的细胞质团。这些细胞质团由质膜包裹的细胞碎片(包括细胞器和染色质)组成。1972年克尔和另外两位研究者将这一现象命名为细胞凋亡(apoptosis)。细胞凋亡是细胞的死亡程序被活化而导致的细胞"自杀"。

细胞凋亡的基本过程是:首先细胞体积缩小,染色质凝集并边缘化,嗜碱性染色增强;然后细胞核崩解,但线粒体保持正常形态;接着细胞内容物迅速膜泡化;最终细胞被分割成一系列由膜包围的小泡,这些小泡从细胞表面脱落形成凋亡小体,并被巨噬细胞等吞噬。整个细胞凋亡过程中细胞膜保持完整,内含物不会泄漏,因而不引发炎症反应。由于细胞凋亡过程中细胞核变化明显、特征突出,因此细胞核染色质的形态改变常用作评判细胞凋亡进展的指标。

细胞凋亡可发生在机体正常发育和病理等过程中,也可通过人工诱导产生。VP-16(etoposide,依托泊苷)是干扰细胞周期的特异性抗肿瘤药物,是DNA拓扑异构酶Ⅱ(DNA topoisomerase Ⅱ)的抑制剂。VP-16与酶及DNA三者之间可形成复合物,进而干扰DNA拓扑异构酶Ⅱ的功能,使得断裂的DNA双链不能发生再连接。VP-16在临床上被广泛用于白血病、小细胞肺癌、恶性淋巴瘤等多种癌症的治疗。在科研中,VP-16常用于体外诱导细胞凋亡。

凋亡细胞最普遍的生化特征是核DNA的降解。由于核酸内切酶的活化,染色质在核小体上的连接部位被随机打断,如对DNA进行琼脂糖凝胶电泳,可以清楚地显示其DNA片段呈大小为180~200 bp整数倍的梯状电泳条带(DNA ladder)。

2. 本实验之外的其他观察凋亡细胞的方法

(1)用荧光探针碘化丙啶(PI)和Ho.33342双标记,然后在荧光显微镜下观察凋亡细胞。这种方法主要是根据染色质凝集程度的不同来鉴别凋亡细胞和正常细胞。凋亡细胞有染色质凝集和边缘化的特征,正常细胞则没有。根据细胞这些形态上的区别,采用荧光探针Ho.33342可以鉴别这2种类型的细胞:特异性DNA荧光探针Ho.33342用紫外光激发,发出蓝色荧光,能非常明显地显示出凋亡细胞中高度凝集和边缘化的染色质。

(2)在相差显微镜和荧光显微镜下观察凋亡细胞。凋亡细胞具有染色质凝集、边缘化、细胞质出芽和产生凋亡小体等形态特征,不染色即可在相差显微镜下观察到这些形态上的变化。如果再配合Ho.33342特异性DNA荧光探针标记,可同时在荧光显微镜下观察到由蓝色荧光指示出的染色质形态上的变化。

(3)琼脂糖凝胶电泳法检测凋亡细胞。这种方法是根据凋亡细胞中核酸内切酶被活化,其染色质在核小体上的连接处被切断的特点,鉴别凋亡细胞和正常细胞。如果将细胞的基因组DNA进行琼脂糖凝胶电泳,可以发现凋亡细胞的DNA被降解成大小为180~200 bp(即核小体DNA长度)整数倍的片段,形成梯状电泳条带。正常细胞的DNA不降解,电泳条带表现为一大分子片段。

【实验用品】

1.主要实验材料

传代培养的HeLa细胞(用含10%小牛血清的RPMI 1640培养基,在37 ℃和5% CO_2条件下培养)。

2.实验仪器

荧光显微镜、CO_2培养箱、超净工作台、倒置显微镜、离心机、水浴锅、高压蒸汽灭菌锅等。

3.实验用具

微量移液器(1 μL至1 mL),0.5 mL和1.5 mL的微量离心管,20 μL、200 μL和1 mL吸头,酒精灯,酒精棉球,镊子,废液缸,记号笔,移液器架,10 mL培养瓶,35 mm细胞培养皿,6孔板,载玻片,盖玻片等。

4.主要实验试剂

（1）10×PBS缓冲液（1 L）：80 g NaCl，2 g KCl，2 g KH_2PO_4。配制好后调pH至7.4。

（2）RPMI 1640培养基（含10%小牛血清、100 U/mL青霉素、100 μg/mL链霉素）。

（3）VP-16：在实验前用DMSO新鲜配制成100 mmol/L的储存液，室温保存。

（4）DAPI染色液：用双蒸水配制质量浓度为1 mg/mL的储存液，保存于−20 ℃冰箱中。使用时，用PBS缓冲液或双蒸水稀释为1 μg/mL。

（5）固定液：甲醇（−20 ℃预冷）。

（6）Giemsa原液：Giemsa粉1.0 g，甘油66 mL，甲醇66 mL。将Giemsa粉放入研钵中，加入少量甘油，充分研磨，直至呈无颗粒的糊状，再倒入剩余甘油，在56 ℃恒温箱中保温2 h。最后加入甲醇混匀，贮存在棕色瓶内。

（7）pH＝6.8的磷酸缓冲液（1/15 mol/L）。

A液（1/15 mol/L Na_2HPO_4溶液）：9.465 g Na_2HPO_4或11.876 g $Na_2HPO_4·2H_2O$或23.88 g $Na_2HPO_4·12H_2O$溶于1 000 mL蒸馏水。

B液：（1/15 mol/L KH_2PO_4溶液）：9.07 g KH_2PO_4溶于1 000 mL蒸馏水。

取A液50 mL与B液50 mL混合，得到pH＝6.8的磷酸缓冲液。

【方法与步骤】

1.细胞传代

在超净台中进行无菌操作。收集HeLa细胞接种于加有盖玻片的6孔板中，每孔接种量约$2×10^4$个，在37 ℃、5% CO_2及饱和湿度条件下培养24 h。

2. 细胞凋亡的诱导

取处于对数生长期的HeLa细胞（汇合度约为50%～60%）进行凋亡诱导。实验组中加入适量100 mmol/L VP-16溶液至终浓度为0.1 mmol/L，37 ℃、5% CO_2条件下培养。空白对照组中加入等量的DMSO（不含VP-16），以排除DMSO对实验结果的影响。培养24 h后进行染色和形态学观察。

3. Giemsa染色法

（1）将细胞用PBS缓冲液调整至密度为$1×10^6$个/mL。取一滴细胞悬液于载玻片上，涂片，室温晾干。（或者取细胞爬片，室温晾干。）

（2）甲醇固定3～5 min。

（3）用Giemsa工作液（Giemsa原液用9倍体积pH＝6.8的磷酸缓冲液稀释）染色10～15 min，流水冲洗片刻，干燥，封片，镜检。

4. DAPI染色与形态学观察

（1）取细胞在显微镜下观察，可见部分细胞内的颗粒状物增多。

（2）吸弃培养基，以PBS缓冲液晃洗细胞1～2次。

（3）加入适量−20 ℃预冷的甲醇溶液，−20 ℃（或室温）下固定10 min。

（4）吸弃固定液，以PBS缓冲液晃洗细胞1～2次。

（5）在包有Parafilm膜的载玻片上滴加70 μL DAPI染液，将盖玻片细胞面朝下放置于染液中，避光染色5～10 min。

（6）以PBS缓冲液晃洗细胞3次。

（7）制片，在荧光显微镜下观察。

【实验结果】

（1）Giemsa染色结果：正常细胞细胞核染成蓝色或蓝紫色，色泽较为均一。凋亡细胞细胞核固缩、周边化，染色变深，细胞皱缩。

（2）DAPI染色结果：在荧光显微镜下，正常细胞细胞核呈弥散状、荧光均匀。出现细胞凋亡时，细胞核或细胞质内可见浓染致密的颗粒状蓝色荧光及明显核形态变化，如果见到3个或3个以上的DNA荧光碎片，则该细胞可认定为凋亡细胞。

【注意事项】

（1）DAPI染色的关键在于染液的用量和染色的时间，这两个参数可以根据实验的具体情况进行调整，以达到最佳的染色效果。

（2）VP-16为有毒物质，在实验中一定要注意安全使用，在配制过程中须戴口罩。DAPI虽未被报道有剧毒，但其具有嵌入双链DNA的能力，所以使用的时候也要注意不要触及皮肤。

（3）染色时各个步骤的操作要轻，加液时勿直接冲击细胞，以免细胞从玻片上脱落。

（4）本实验操作过程中有多次离心和洗涤的步骤，每次离心的时间和转速可以根据细胞状态以及密度做相应调整。在弃上清液的过程中需要细心，避免将细胞沉淀弃除。

（5）用PBS缓冲液重悬细胞时可以根据当时细胞的密度调整PBS缓冲液的加入量，以保证在镜检时视野内的细胞不会过多或者过少。

（6）本次实验中，荧光显微镜所使用的激发光为紫外光，请同学们注意防护，尤其不要长时间用眼睛直视光源。

（7）所有荧光物质的发射光都会在激发后有不同程度的猝灭，信号会减弱和模糊，所以要抓紧时间观察。

思考题

？

（1）细胞凋亡在有机体生长发育过程中有何重要意义？请举例说明。如果细胞凋亡异常，机体会出现哪些问题？

（2）鉴定细胞凋亡有什么常用方法？

（3）调控细胞凋亡过程的基本信号途径是什么？

细胞生物学实验教程

XIBAO SHENGWUXUE SHIYAN JIAOCHENG

第二部分

综合性实验

实验23 | 动物细胞染色体标本制备

【实验目的】

（1）掌握传代培养细胞染色体标本制备的常规方法。

（2）了解骨髓细胞染色体标本的制片方法。

（3）观察动物细胞染色体的数目及形态特征。

【实验原理】

染色体是真核生物细胞的重要组成部分，它是遗传信息的载体，其数量、形态、组型在各物种中都具有特异性。通常情况下，是从细胞分裂旺盛的组织取材进行染色体标本制备，如骨髓、淋巴等。国内外制备动物和人类染色体标本的常规方法是空气干燥法，该方法的关键包括：秋水仙素预处理、低渗处理、细胞悬液滴片和干燥。秋水仙素（colchicine）又叫秋水仙碱，它是从植物中提取的一种生物碱。秋水仙素对细胞的作用主要有两个方面：一是阻挠微管的聚合、破坏纺锤体以阻断细胞有丝分裂，从而使细胞积累大量中期分裂相；二是使染色体收缩成一定的形状。用渗透压很低的盐溶液或蒸馏水低渗处理活细胞，让细胞涨大而不破裂，使最后制成的片子染色体充分散开。将细胞悬液滴在玻片上使细胞和染色体分散并紧贴在玻片上，经自然风干或风机吹干，即可供染色检查。体外培养的处于连续细胞周期的细胞可以用来制备染色体标本。骨髓细胞具有丰富的细胞质和高度分裂能力，因此不必经体外培养，也不需要植物血凝素（PHA）的刺激，可直接观察到分裂细胞。经秋水仙素处理后，分裂的骨髓细胞被阻断在有丝分裂中期，再经离心、低渗、固定和滴片等步骤，便可制作出理想的染色体标本。

【实验用品】

1. 主要实验材料

HeLa细胞悬液或其他细胞悬液，小鼠或青蛙。

2. 主要实验器具

天平、离心机、恒温箱、普通光学显微镜、注射器、解剖盘、解剖剪、刀片、试管架、10 mL离心管、吸管、烧杯、量筒、酒精灯、冷冻载玻片、玻璃板、吸水纸、擦镜纸等。

3. 试剂

（1）卡诺氏固定液（$V_{甲醇}:V_{冰乙酸}=3:1$）。

（2）秋水仙素溶液：0.1 mg/mL秋水仙素溶液（称取秋水仙素1 mg，用10 mL 0.65%生理盐水溶解），50 μg/mL秋水仙素溶液（称取秋水仙素2 mg，用40 mL生理盐水溶解）。

（3）1/15 mol/L pH＝6.8的磷酸缓冲液。

（4）Giemsa染液：取Giemsa粉0.5 g，甘油33 mL，甲醇33 mL。先在研钵内倒入Giemsa粉并添加少量甘油，研磨至无颗粒后，再将剩余甘油倒入混匀，56 ℃左右保温2 h使其充分溶解，最后加入33 mL甲醇混匀，成为Giemsa原液，保存于棕色试剂瓶中。使用时取出少量，用1/15 mol/L磷酸缓冲液（pH＝6.8）按体积比1:9的比例稀释10倍，现配现用。

（5）75 mmol/L KCl溶液：0.56 g KCl溶于100 mL蒸馏水。

【方法与步骤】

1. 传代培养细胞的染色体标本制备

（1）秋水仙素处理：取处于对数生长期、用较大瓶皿培养的汇合度为80%～90%的单层培养细胞，使用最终浓度为0.02～0.80 μg/mL的营养液，在恒温箱中继续培养6～10 h。或用低温封闭法，把培养细胞置于4 ℃条件下6～12 h后，于37 ℃恒温箱中继续培养6～10 h再处理（加秋水仙素）。

（2）收集细胞：将培养瓶从恒温箱中取出，用吸管将贴壁细胞冲散均匀（有些细胞需要加胰蛋白酶消化处理），移到离心管中，1 000 r/min离心8 min，弃上清液。

（3）低渗处理：先加入1 mL 75 mmol/L KCl溶液，轻轻吹打，使细胞重悬，然后补加6 mL KCl溶液，37 ℃下低渗处理20 min。

（4）固定：沿管壁慢慢加入1 mL新配的卡诺氏固定液，轻轻吹打混匀，1 000 r/min离心8 min，弃上清液。

（5）固定：沿管壁慢慢加入6 mL固定液，用吸管轻轻地吹打，使细胞分散，固定20 min，离心，弃上清液。

（6）重复第（5）步。

（7）滴片：沉淀物中加入0.2～0.5 mL固定液，用吸管吹打使其成为细胞悬液。用镊子取预先冷冻的干净载玻片，迅速滴上2～3滴细胞悬液，立即用嘴向同一方向吹气，使细胞分散均匀，然后置酒精灯上微微加热干燥（或空气干燥）。

(8)染色:将滴有细胞悬液的载玻片反扣在染色板上,使片、板之间有一缝隙,将稀释后的Giemsa 染液滴在片隙中,染色20 min(或放于染缸中染色)。自来水冲洗,吹干。

(9)镜检:在低倍镜下找到中期分裂相的细胞,转用高倍镜,选择染色体分散适度、长度适中的分裂相进行观察。选择有代表性的分裂相进行显微摄影以供进一步分析。

2. 动物骨髓细胞染色体标本制备

(1)秋水仙素处理:实验前3~4 h,按动物每克体重2~4 μg 的剂量,腹腔注射秋水仙素。

(2)取股骨:处死动物后,立即取出股骨,用刀片剔掉肌肉。

(3)收集骨髓细胞:用刀片切开股骨的两端,用盛有生理盐水的注射器插入股骨的上端,冲出骨髓细胞至离心管中,直至股骨变为白色为止。将收集的骨髓细胞放入离心机平衡后,1 000 r/min 离心 10 min。

(4)低渗处理:弃上清液,加入 6 mL 蒸馏水,用吸管轻轻吹打成细胞悬液,置于 37 ℃恒温箱中低渗处理 20 min。

(5)预固定:加入 5 滴新配的固定液,立即用吸管吹打均匀,1 000 r/min 离心 10 min 后,弃上清液。

(6)固定:沿管壁慢慢加入 6 mL 固定液,立即用吸管吹打成细胞悬液,室温下固定 20 min。1 000 r/min 离心 10 min 后弃上清液。

(7)重复步骤(6)的操作。

(8)沉淀物中加入 0.3~0.5 mL 固定液,用吸管吹打成细胞悬液。

(9)滴片:用镊子取预先冷冻的干净载玻片,迅速滴上 2 或 3 滴细胞悬液,立即用嘴向同一方向吹气,使细胞分散均匀,然后置于酒精灯上微微加热干燥。

(10)染色:将干燥的玻片反扣在染色板上或者放于染缸中,用 Giemsa 染液染色 30 min,自来水冲洗,空气干燥。

【实验结果】

在低倍镜下观察可见大量的细胞核,由于制片时细胞膜已破裂,一般见不到细胞质。寻找分裂中期细胞的染色体,选择染色体分散适度、长度合适的分裂相在高倍镜下仔细观察染色体形态特征。统计10个以上细胞的染色体数目($2n$)。(小鼠染色体数目 $2n=40$,牛蛙染色体数目 $2n=26$。)

【注意事项】

(1)掌握好秋水仙素的浓度和处理时间,浓度过高、处理时间过长,都会使染色体过分收缩,不利于形态观察。

（2）控制好离心机的转速，一般以1 000 r/min为宜，转速过大，会造成细胞结块，不利于染色体伸展。转速过小，细胞不能充分沉淀，会造成细胞分裂相丢失。

（3）低渗处理是实验成败的关键，其目的是使细胞体积膨大，染色体松散。低渗处理时间过长，会造成细胞破裂，染色体丢失，不能准确计数。低渗处理时间不足，细胞内染色体易聚集在一起，不能很好地伸展开来，观察时无法区分辨别和计数。

（4）固定液要现配现用，固定要充分。

（5）载玻片要洁净，无油脂，预先冷冻，滴片时要有一定的高度，以利于细胞和染色体充分分散。

【作业】

每人制作装片1～2张，染色后仔细观察，计算染色体数目，填写观察结果表。

表23-1　染色体观察结果表

片号	分裂相数	染色效果	低渗度	染色体数										备注
				1	2	3	4	5	6	7	8	9	10	

说明：（1）每片统计5个视野的平均分裂相数目。

（2）染色效果指细胞核、染色体的显色情况。颜色分紫红、蓝紫、蓝色。

（3）低渗度分"＋＋＋""＋＋""＋"三等。

（4）染色体数指每片中任意5～8群的染色体数。

实验23-附1　人体外周血淋巴细胞培养与染色体核型分析

【实验目的】

掌握人体外周血淋巴细胞培养方法与人类体细胞染色体核型分析的方法。

【实验原理】

外周血培养的方法,大多是以1960年穆尔黑德(Moorhead)等建立的人外周血淋巴细胞培养技术为基础,其优点是方法比较完善,缺点是取血量大,且操作比较麻烦。目前国内外采用的微量全血培养技术,不但采血量少,而且省去一些离心、分离血浆等操作。既方便又节省人力物力,便于推广应用。

人体的1 mL外周血中约含有$(1\sim3)\times10^6$个小淋巴细胞,它们几乎都处于G_0期或G_1期,一般情况下不分裂。采用人工离体培养的方法,在培养基中加入植物血凝素能刺激小淋巴细胞转化为淋巴母细胞而进行有丝分裂。经过短期的培养、秋水仙素处理、低渗和固定,就可获得大量的中期有丝分裂细胞。最后经空气干燥法制片,便可得到质量较好的染色体标本。

核型(karyotype)是指一个细胞内的整套染色体按照一定顺序排列起来所构成的图像。通常是将显微摄影得到的染色体照片剪贴而成。正常体细胞的核型能代表个体的核型。组型(idiogram)是以模式图的方式表示,它是通过许多细胞染色体的测量取其平均值绘制成的,是理想的、模式化的染色体组成,代表一个物种染色体组型的特征。核型的研究对人类医学遗传研究及临床应用,对探讨动植物的起源、物种间亲缘关系,鉴定远缘杂种等都有重大意义。

染色体的特征以有丝分裂中期最为显著,所以一般都分析中期分裂相。根据染色体着丝粒位置的不同,可将染色体分为中部着丝粒染色体(m)、亚中部着丝粒染色体(sm)、亚端部着丝粒染色体(st)、端部着丝粒染色体(t)。对任何一个染色体的基本形态特征来说,重要的参数有3个:

(1)相对长度(relative length),指单个染色体长度与包括X或Y染色体在内的单倍体染色体组总长之比,以百分率表示。

(2)臂指数(arm index),指长臂长度同短臂长度的比值。按莱万(Levan,1964)的划分标准,臂指数在1.0~1.7之间称中部着丝粒染色体,臂指数在1.7~3.0之间称亚中部着丝粒染色体,臂指数在3.0~7.0之间称亚端部着丝粒染色体,臂指数大于7.0者为端部着丝粒染色体。

(3)着丝粒指数(centromere index),指短臂占该染色体长度的比,用百分率表示。它决定着丝粒的相对位置。按Levan(1964)的划分标准,着丝粒指数在37.5%~50.0%之间为中部着丝粒染色体,指数在25.0%～37.5%之间为亚中部着丝粒染色体,指数在12.5%～25.0%之间为亚端部着丝粒染色体,指数在0～12.5%之间为端部着丝粒染色体。

人类的正常体细胞含有46条染色体,相互构成23对。其中22对是男女所共有的常染色体,一对为男女所不同的性染色体,男XY,女XX。根据丹佛(1960)、伦敦(1963)和芝加哥(1966)会议提出的标准,即按照染色体的长度、着丝粒位置以及其他特征,把人类体细胞染色体分为7个组,各自特征简要概括于表23-附1。

表23-附1　人类染色体分组

组号	染色体号	形态大小	着丝粒位置	随体	次缢痕	鉴别难易程度
A	1～3	最大	m	无	1号常见	可鉴定
B	4～5	较大	sm	无		不易
C	6～12,X	中等	sm	无	9号常见	难鉴定
D	13～15	中等	st	有	13号偶见	难鉴定
E	16～18	较小	m(16,17),sm(18)	无	16号常见	可鉴定
F	19～20	小	m	无		不易
G	21～22,Y	最小	st	21～22有,Y无		难鉴定

【实验用品】

1. 主要实验材料

人外周血。

2. 主要实验器具

超净工作台、恒温培养箱、普通显微镜、倒置相差显微镜、高压蒸汽灭菌锅、水浴箱、离心机、25 cm² 培养瓶、10 mL 离心管、吸管、微量移液器、吸头、酒精灯、75%酒精棉球、冷冻载玻片、盖玻片、香柏油、二甲苯、擦镜纸等。

3. 试剂

(1)完全RPMI 1640培养基:含双抗、10%小牛血清。

(2)卡诺氏固定液: $V_{甲醇}:V_{冰乙酸}=3:1$。

(3)肝素:作为抗凝剂使用。用40 mL 0.9%生理盐水溶解肝素粉末160 mg(每毫克含126单位），配制成 500 单位/mL 的溶液，0.1 MPa 灭菌 15 min。

（4）0.075 mol/L KCl 溶液：取 2.796 g KCl 溶于 500 mL 蒸馏水中。

（5）0.1 g/mL 秋水仙素溶液：取 0.1 g 秋水仙素粉末溶于 1 mL 0.9% 生理盐水中，4 ℃冰箱保存。

（6）0.1% PHA（植物血凝素）溶液：取 0.1 g PHA 粉末溶于 100 mL 0.9% 生理盐水中，4 ℃冰箱保存。

（7）1/15 mol/L 磷酸缓冲液（PBS 缓冲液，pH＝6.8）。

（8）Giemsa 染液。

【方法与步骤】

（1）培养基配制。

（2）采血：用 2 mL 灭菌注射器吸取肝素湿润管壁，然后用碘酒和乙醇消毒皮肤，从肘静脉采血 1～2 mL。（采血步骤在医院检验室完成）

（3）培养：向含有 5 mL 培养基的培养瓶中接种 0.3 mL 全血，轻轻摇匀。置于 37 ℃培养箱中培养 66～72 h，终止培养前 3～4 h 加入秋水仙素，使其最终浓度为 0.4～0.8 μg/mL。

（4）收集细胞，制作染色体标本。

（5）染色体核型分析：

①在显微镜下找出染色体分散良好、长度适中、姐妹染色单体清楚的中期分裂相进行显微拍摄。

②将显微拍摄放大的照片上的一个细胞的全部染色体分别一条一条剪下。

③根据染色体的长短和形态特征进行同源染色体的目测配对。

④测量出每条染色体短臂和长臂长度，计算出各条染色体的相对长度、着丝粒指数、臂指数，记录原始数据。

⑤根据测量数据校正目测配对排列结果，进行调整排列。

⑥把染色体按一定顺序一对一对地排列，排列时注意短臂向上，长臂向下，性染色体单独排列，然后把染色体贴成一完整的染色体核型图。

⑦翻拍。

【实验结果】

剪贴得到男性、女性体细胞染色体核型各一套（见图 23-附 1）。

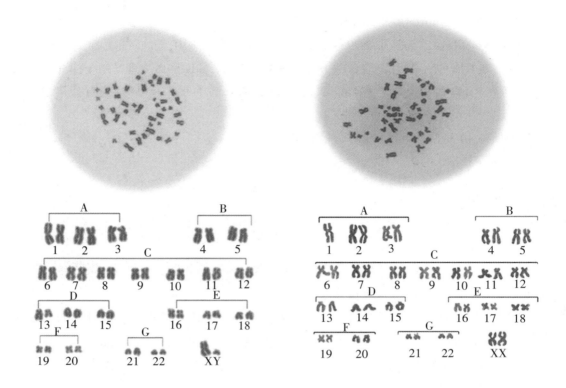

图23-附1 | 人类男性(左图)和女性(右图)体细胞染色体核型

【注意事项】

（1）PHA是人体淋巴细胞培养成败的关键。效价低或用量不足,则培养效果差,但浓度过大,红细胞过度凝集,会影响细胞生长。

（2）采血接种时不要加入过多的肝素。肝素过多可能导致溶血和淋巴细胞一直转化和分裂。

（3）接种的血样愈新鲜愈好,避免保存时间过长影响细胞的活力。

（4）秋水仙素处理的浓度和时间、离心的转速、低渗处理是影响染色体标本制备质量的关键因素。

思考题

想要制备出质量良好的人淋巴细胞染色体标本需要注意哪些问题?

实验23-附2　中华沙鳅的染色体核型分析

【实验目的】

(1)了解鱼类肾脏细胞染色体标本制备的基本原理和方法。
(2)学习染色体核型分析的方法。

【实验原理】

染色体核型分析是指对体细胞有丝分裂中期的染色体数目、形态及组型等特征的总体分析。研究分析鱼类染色体核型对其遗传变异、分类地位、系统进化、性别决定、种质鉴定和杂交育种等研究都具有重要的意义。鱼类是低等的脊椎动物,头肾(具有免疫功能,属于淋巴器官)和肾脏是其最主要的造血器官。鱼体内小淋巴细胞通常处于G_0期,属于休眠细胞,暂不进行分裂。如向体内注射植物血凝素,这种小淋巴细胞受到刺激会转化为淋巴母细胞,继而迅速回到细胞周期中分裂增殖。短期培养后,经秋水仙素处理,使正在进行有丝分裂的细胞不能形成纺锤体,从而使染色体停留在分裂中期。细胞有丝分裂中期是染色体形态结构最典型的阶段,通过显微镜摄影,选择染色体完整、分散良好、形态清晰的分裂相进行拍摄,用Adobe Photoshop软件处理图片,进行配对、测量、计算和对比分析,获得该个体的体细胞染色体核型。

中华沙鳅Sinibotia superciliaris,俗名龙针、钢鳅,隶属于鲤形目Cypriniformes,鳅科Cobitidae,沙鳅亚科Botiinae,中华沙鳅属Sinibotia,是我国特有种,广泛分布于长江上中游。其体态纤细、体色艳丽、营养丰富,具有很高的观赏价值和经济价值。对中华沙鳅染色体数目及核型进行研究,可为中华沙鳅的种质资源保护、遗传育种研究提供理论依据。

【实验用品】

1. 主要实验材料

健康中华沙鳅,体重为7～12 g。

2. 主要实验器具(含软件)

Adobe Photoshop软件、带数码相机的光学显微镜、恒温水浴锅、电子天平、高速冷冻离心机、1 000 mL容量瓶、小烧杯、培养皿、纱布、10 mL离心管、巴氏吸管、刀片、镊子、解剖盘、1 mL注射器、冷冻载玻片、盖玻片、香柏油、二甲苯、擦镜纸等。

3. 主要实验试剂

(1)卡诺氏固定液:$V_{甲醇}:V_{冰乙酸}=3:1$。

(2)0.65%生理盐水:取 0.65 g NaCl 溶于 100 mL 蒸馏水中。

(3)0.075 mol/L KCl 溶液:取 0.56 g KCl 溶于 100 mL 蒸馏水中。

(4)1 mg/mL 秋水仙素溶液:取 0.1 g 秋水仙素粉末溶于 100 mL 0.65% 生理盐水中,4 ℃冰箱保存。

(5)1 mg/mL PHA 溶液:取 0.1 g PHA 粉末溶于 100 mL 0.65% 生理盐水中,4 ℃冰箱保存。

(6)1/15 mol/L 磷酸缓冲液(PBS 缓冲液,pH=7.4)。

(7)Giemsa 染液。

【方法与步骤】

◆(一)中华沙鳅头肾细胞的染色体标本制备

1. PHA 和秋水仙素处理

室温下,按每克鱼体质量 10 μg 的剂量向中华沙鳅腹腔注射 PHA 溶液,6 h 后再向鱼体腹腔注射与第一次相同剂量的 PHA 溶液,这期间用 24 ℃水箱饲养。第二次注射后 12 h,按照每克鱼体质量 5 μg 的剂量腹腔注射秋水仙素溶液,用 24 ℃水箱继续饲养 2～3 h 。

2. 取材

取上述实验鱼断尾放血 5 min,解剖鱼体,取头肾组织于小烧杯中,加生理盐水洗涤去除结缔组织,尽量剪碎,用吸管反复吹吸使细胞尽量分散,两层纱布过滤获得细胞悬液,转移至离心管中。1 000 r/min 离心 5 min,弃上清液,加生理盐水,用吸管吹打洗涤细胞,1 000 r/min 离心 10 min,弃上清液。再重复洗涤步骤一次,弃上清液,收集细胞。

3. 低渗处理

加入 0.075 mol/L 的 KCl 溶液(37 ℃预热),用手轻弹离心管底部,利用回旋力将细胞打散,然后将其置于 37 ℃恒温培养箱中低渗处理 40 min,这期间取出反复吹打数次。低渗处理结束后,1 000 r/min 离心 15 min,弃上清液,收集细胞。

4. 固定

沿离心管壁逐滴加入适量新鲜配制的卡诺氏固定液(提前预冷),轻轻吸打数次使细胞散开,室温固定 15 min,1 000 r/min 离心 10 min,弃上清液。重复上述步骤固定两次,收集的细胞加入 500 μL 新固定液并吹打数次制成悬液。

5. 滴片染色

取预先冷冻处理的干净载玻片,倾斜45°角放置,从距离玻片约50~80 cm的高处,向每张载玻片上滴加2~3滴细胞悬液,立即用嘴向一个方向吹气,使细胞分散均匀,然后用镊子夹住载玻片一端,置于酒精灯上过火5 s左右(经冷热处理使细胞膜和核膜破裂),空气干燥过夜。用Giemsa染液染色20 min,自来水冲洗,自然干燥后在油镜下观察。

◆(二)用Adobe Photoshop软件进行中华沙鳅染色体核型分析

选取来自不同个体的50个分散良好、形态清楚的染色体中期分裂相,用显微镜观察并拍照。用 Adobe Photoshop 软件处理图片、配对,并测量计算染色体的相对长度、着丝粒指数、臂指数等。以 Levan(1964)提出的染色体分组标准进行染色体分类和统计。具体操作方法如下:

(1)染色体随机编号:打开 Photoshop 软件,鼠标左键点击文件按钮→打开→选择要打开的染色体图片→鼠标左键点击左侧横排文字工具(T)→选择横排文字工具对染色体进行编号。

(2)测量:鼠标左键点击菜单栏视图按钮→选择标尺→将鼠标移至标尺位置,右击鼠标,选择单位(mm)→鼠标左键点击菜单栏图像按钮,选择分析(A)→选择标尺工具测量长臂和短臂长度。

(3)配对:根据目测结果和染色体相对长度、着丝粒指数、臂指数,以及次缢痕的有无、位置,随体的有无、形状及大小等特性将同源染色体配对。

(4)剪裁:将同源染色体配对后根据中部、亚中部、亚端部及端部着丝粒等类型,按由大到小的顺序使用套索工具对染色体进行剪裁,可选择多边形套索。

多边形套索:①左键点击软件左侧工具栏中套索工具→选择多边形套索,进行随机裁剪。②新建图层,点击软件上方文件按钮→选择新建图层→选择图像大小→确定。③染色体移动,将裁剪好的染色体复制(Ctrl+C)、粘贴(Ctrl+V)到新建图层当中。④染色体位置校正,点击软件上方编辑→变换→旋转,对裁剪好的染色体进行位置校正。⑤剪裁,点击左侧缩放工具将待裁剪染色体进行放大处理→点击软件左侧矩形选框工具选染色体→鼠标放在染色体处点击右键选择反向→鼠标左键点击左侧橡皮擦工具→将边框周围处理干净→再次选择反向→点击左侧移动工具将染色体移动。⑥染色体编号,按照染色体编号将软件右侧图层更改成相应"染色体编号+着丝粒类型",方便以后修改。⑦排列,点击移动工具从标尺处(视图→标尺)拉取若干条校准线对染色体位置进行固定,按照中部着丝粒、亚中部着丝粒、亚端部着丝粒、端部着丝粒和从大到小的顺序进行分类排列。

【实验结果】

在普通光学显微镜下应该能看到很多分裂中期细胞,分裂相较好的染色体可以看到被染成了蓝紫色。在光学显微镜的油镜下选取多个较好的分裂相,统计染色体个数。根据染色体相对长度、臂指数等整理出中华沙鳅的核型。按中部和亚中部着丝粒染色体计为2,亚端部和端部着丝粒染色体计为1的方法计算臂数。(见图23-附2)

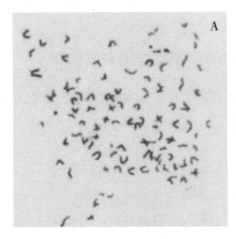

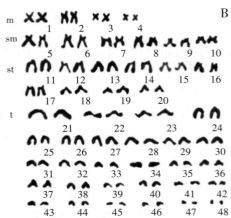

图23-附2 │ 中华沙鳅染色体

A. 中华沙鳅染色体中期分裂相;
B. 中华沙鳅染色体核型。

实验24 单克隆抗体的制备

【实验目的】

掌握单克隆抗体(简称单抗)制备的基本原理和操作流程。

【实验原理】

1975年,英国科学家科勒(Kohler)和米尔斯坦(Milstein)将经过绵羊红细胞致敏的小鼠脾细胞(B淋巴细胞)与小鼠骨髓瘤细胞杂交,创立了B淋巴细胞杂交瘤技术,被誉为20世纪可与重组DNA技术媲美的重大生物学技术革命,从而为利用混合抗原制备单一纯质抗体开辟了一条崭新的途径。科勒和米尔斯坦因此荣获1984年诺贝尔生理学或医学奖。该技术也被称为单克隆抗体技术,涉及动物免疫、细胞融合、杂交瘤细胞的筛选、杂交瘤细胞的克隆化培养、单抗的鉴定和检测等多种技术环节。

B淋巴细胞杂交瘤技术的理论基础是澳大利亚免疫学家伯内特(F. M. Burnet)于1957年提出的抗体形成理论"克隆选择学说"(clonal selection theory),即人和动物体内的淋巴器官中带有各种受体的免疫祖细胞早已存在,抗原的作用只是选择并激活相应的免疫祖细胞克隆,进而增殖并分化形成浆细胞,大量分泌针对特异性抗原决定簇的抗体,即单克隆抗体(monoclonal antibody, mAb)。

B淋巴细胞杂交瘤技术有两个主要的技术支撑。一是细胞融合与大规模细胞培养技术。通过细胞融合技术获得的杂交瘤细胞,具有两种亲本细胞的表型,既可以像肿瘤细胞一样在体外培养或接种到小鼠腹腔内无限培养,又可以像致敏的B淋巴细胞一样合成并分泌抗体。通过筛选、克隆化培养和后续大规模的细胞培养,即可获得针对特异性抗原决定簇、专一而均质的单克隆抗体。二是制备选择性培养基用于杂交瘤细胞的筛选。脾细胞(B淋巴细胞)与骨髓瘤细胞融合后,存在5种细胞——未融合的脾细胞、骨髓瘤细胞,同类融合的脾细胞、骨髓瘤细胞,杂交瘤细胞。杂交瘤细胞的筛选一般采用HAT培养基。HAT培养基含有次黄嘌呤(H)、氨基蝶呤(A)和胸腺嘧啶(T)3种成分。氨基蝶呤是二氢叶酸还原酶的抑制剂,可有效阻断依赖二氢叶酸还原酶的DNA合成途径(从头合成)。而通过DNA合成的补救途径,可利用次黄嘌呤或胸腺嘧啶在次黄嘌呤鸟嘌呤磷酸核糖基转移酶(hypoxanthine-guanine phosphoribosyltransferase,HGPRT)或胸腺嘧啶核苷激酶(thymidine kinase,TK)的作用下,合成DNA。因此,HGPRT$^+$和TK$^+$的B淋巴细胞可以在HAT培养基中存活,但由于不能长期传代终致死亡。用于融合的骨髓瘤细胞为HGPRT$^-$和TK$^-$的缺陷型细胞,其在DNA从头合成途径受阻的情况下,因补救途径所需要的酶缺陷不能利用培养基中的次黄嘌呤和胸腺嘧啶合成DNA,在筛选培养基中不能存活。同类融合的B淋巴细胞和骨髓瘤细胞同理也会被筛选所淘汰。只有杂交瘤细胞既可以利用HGPRT和TK通过补救途径合成DNA,又具有骨髓瘤细胞无限增殖的特性,可在HAT培养基中长期存活。融合后的混合细胞在HAT培养基中培养两周左右的时间,存活的细胞即为可分泌单克隆抗体的细胞源。

单克隆抗体与多克隆抗体相比,具有纯度高、专一性强、重复性好且能持续地大量制备等优点。单克隆抗体技术和产品已被广泛应用于生物医药领域的研究,在疾病诊断试剂盒的研制、肿瘤临床治疗的人源性单克隆抗体药物研发等方面的应用越来越广泛。目前单克隆抗体对于细胞的鉴定、病原体的鉴定、肿瘤细胞的诊断和分型等发挥了重要作用,在抗细胞因子单抗、抗肿瘤单抗等治疗领域也具有非常大的优势。随着细胞工程与基因工程的结合,人-鼠嵌合抗体、人源抗体以及重组抗体陆续出现。

本实验以细胞融合技术为核心内容,动物的免疫历时较长,可在课下完成,课上主要研究细胞融合、杂交瘤细胞筛选、抗体检测、克隆化过程。实验未涉及的单克隆抗体的大量制备、纯化、鉴定等步骤,可由任课教师需要时做相应讲解。

【实验用品】

1. 主要实验材料

8～12周龄的BALB/c纯系小鼠(雌性),SP2/0-AG14骨髓瘤细胞。

2. 主要实验器具

超净工作台、CFB16-HB细胞融合仪、LF498-3电极、倒置显微镜、台式低速离心机、高压蒸汽灭菌锅、微量移液器、CO$_2$培养箱、恒温水浴锅等。

血细胞计数板,细胞培养瓶,96孔、24孔细胞培养板,手术剪刀,眼科镊,培养皿,吸管,吸头,50 mL离心管(圆底带盖),不锈钢滤网(200目),解剖盘,橡皮塞,1 mL、5 mL、10 mL注射器,移液管等。

3. 主要试剂

(1)GKN液:NaCl 8.01 g,KCl 0.4 g,Na$_2$HPO$_4$·12H$_2$O 3.58 g,NaH$_2$PO$_4$·H$_2$O 0.69 g,葡萄糖 2.0 g,酚红 0.01 g,溶解于1 000 mL三蒸水中,0.22 μm滤膜过滤灭菌。

（2）50% PEG溶液：PEG 2000 10 g，高压蒸汽灭菌后冷却至50 ℃时加入10 mL预热至50 ℃的GKN液，混匀后用无菌1 mol/L NaOH溶液调pH至8.0～8.2，分装冻存备用。

（3）RPMI 1640完全培养基：含20%小牛血清。

（4）电融合缓冲液：0.3 mol/L甘露醇，0.1 mmol/L CaCl$_2$，0.1 mmol/L MgCl$_2$。用注射用水配制，配成的0.3 mol/L甘露醇无须调整pH，最后调pH至7.0～7.2，过滤除菌备用。（试剂最好是细胞纯）

（5）100×HT母液：0.22 μm滤膜过滤灭菌。

（6）100×A母液：0.22 μm滤膜过滤灭菌。

（7）HAT培养液：98 mL含20%小牛血清的RPMI 1640完全培养基，1 mL 100×HT母液，1 mL 100×A母液。

（8）HT培养液：99 mL含20%小牛血清的RPMI 1640完全培养基，1mL 100×HT母液。

【方法与步骤】

1. 小鼠免疫

动物免疫首先要准备抗原，一般情况下制备单克隆抗体对抗原的纯度要求不高，但纯度高的抗原可以增加获得单克隆抗体的概率。常用的免疫方法有常规免疫法、脾内一次性免疫法、短程免疫法和体外免疫法等。每种免疫方法各有其优缺点，如常规免疫法可靠，但时间较长，需多次免疫。脾内一次性免疫法的程序简单，但免疫效果要在杂交瘤细胞筛选时才清楚。免疫程序的设计要考虑抗原的性质和纯度、免疫途径、免疫次数与间隔时间等多方面的因素。免疫程序的确定一般遵循免疫原性越强，接种次数可越少的原则。注意：在融合前（即加强免疫前）必须测定免疫鼠血清滴度，短程免疫滴度必须≥1∶8 000，长程免疫 ≥1∶32 000，方可做融合。免疫周期完成后所有小鼠须在一周内做完融合，否则不能保证融合质量。免疫鼠脾脏明显大于空白鼠脾脏并且较粘连。

抗原免疫时通常用到免疫佐剂，即非特异性免疫增生剂，指那些同抗原一起或预先注入机体内能增强机体对抗原的免疫应答能力或改变免疫应答类型的辅助物质。佐剂可以具有免疫原性，也可无免疫原性。佐剂种类很多，目前尚无统一的分类方法，应用最多的是弗氏佐剂和细胞因子佐剂。佐剂的免疫生物学作用是增强免疫原性、提高抗体的滴度、改变抗体产生的类型、引起或增强迟发超敏反应，但佐剂的作用机制尚未完全明了，不同佐剂作用的机制也不尽相同。

2. 细胞准备

（1）脾细胞悬液的制备。

取已免疫的小鼠，最后一次免疫72 h后用眼球放血法处死（分离血清作为抗体检测时的阳性对照血清）。70%乙醇浸泡消毒5 min，无菌条件下解剖，打开腹腔，取出脾，去除多余脂肪组织，

37 ℃ GKN液清洗3次。向脾内注射0.2 mL GKN液,置于含有5 mL GKN液的培养皿中,用L型6号针头将脾细胞轻轻挤出,用滴管吹打使细胞散开。用不锈钢滤网过滤细胞悬液,加入10 mL GKN液,1 000～1 500 r/min离心5 min,弃去上清液。用10 mL GKN液重悬细胞,置于37 ℃下备用,取少量均匀细胞悬液进行活细胞计数。

(2)SP2/0-AG14骨髓瘤细胞悬液制备。

将SP2/0-AG14骨髓瘤细胞用RPMI 1640完全培养基增殖培养,每天传代一次,连续传代3 d使细胞处于对数生长期。取3～5瓶(50 mL)细胞,弃去上清液。每瓶加入GKN液4 mL悬浮细胞,收集细胞悬液,1 000～1 500 r/min离心5 min,弃去上清液。用10 mL GKN液重悬细胞,置于37 ℃下备用,取少量均匀细胞悬液进行活细胞计数。

(3)饲养层细胞的制备。

在细胞融合后选择培养过程中,由于骨髓瘤细胞和脾细胞不能存活,杂交瘤细胞呈单个或少数分散状态,通常需要加入饲养层细胞以促进杂交瘤细胞增殖。饲养层细胞多为腹腔巨噬细胞。饲养层细胞分离后计数铺板备用。以$2×10^4$个/mL的细胞密度接种于96孔板上或以$1×10^5$个/mL的细胞密度接种于24孔板上。饲养层细胞的准备要在融合的前一天完成,置于37 ℃、5%CO_2培养箱中培养备用。

3. 细胞融合

(1)PEG融合法:将脾细胞和骨髓瘤细胞悬液按10∶1至5∶2的比例混合并离心,1 200 r/min离心10 min,弃去上清液。轻弹管底使沉淀细胞团块松散,40 ℃预热1～2 min。在预热离心管中加入50% PEG溶液0.8～1.0 mL,一滴一滴慢慢加入,在50 s内加完,边加边摇动离心管。加完后在37 ℃水浴中反应1 min,然后加入GKN液终止,在5 min内加完15～20 mL,加终止液时应沿管壁缓慢加入。动作应轻柔,不宜吹打以免使刚融合的细胞分离。1 000～1 500 r/min离心10 min,弃去上清液,加入37 ℃ HAT培养液,悬浮细胞。将细胞接种于96孔板或24孔板上,置于37 ℃、5% CO_2培养箱中培养。

(2)电融合法:

①细胞混合:将脾细胞和骨髓瘤细胞按1∶1至4∶1的比例轻轻混匀,1 200 r/min离心5 min,收集细胞。加入10 mL电融合缓冲液离心清洗2次。电融合缓冲液需要提前拿出来预热。根据总细胞数量,加入合适的电融合缓冲液,使得每毫升细胞悬液中含有$1×10^7$个细胞。

②细胞融合条件测试:用75%乙醇向电极内部、外部喷,进行消毒处理,然后在超净台内吹干。在电极中加入100 μL细胞悬液。将电极置于显微镜的载物台上,调焦至清晰看到细胞。将主机通过电极连接线和电极相连。设置 V1交流电电压为35～40 V。按下 Start键,细胞应该在10 s左右形成排队情况。如果排队情况无法形成,可以通过增加或降低 V1交流电电压来尝试解决。每次调整1 V,直至在显微镜下能成功观察到细胞排队情况(见图24-1)。如果没有观察到排队情况,检

查电融合缓冲液配制是否正确。

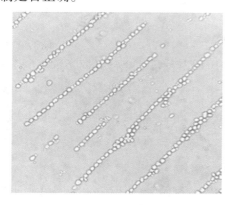

图24-1 | 细胞排队

③细胞融合过程:在电极中加入1.5 mL电融合缓冲液(不含细胞),注意避免气泡生成。电极提前预冷30 min,电击前擦干冷凝水。连接电极,在超净台中握紧电极,不要使电极滑落。按下Ω键测量电阻值,记录电阻值。一般纯的电融合缓冲液电阻值在1 000 Ω左右。吸干电融合缓冲液,加入混合好的细胞悬液1.5 mL,再测电阻,电阻值会有所下降,但下降幅度不会太大。在30 s内完成电击,否则细胞会沉降。融合条件可参考:

V1(交流电压):35～50 V(使用LF498-3的情况下)。

T1(交流电持续时间):30 s。

V2(直流电压):600～800 V(使用LF498-3的情况下)。

+/-(直流方波极性):+。

T2(直流方波脉冲时间):30 μs。

T3(直流方波脉冲间隔):0.5 s。

N(重复):3。

Decay rate:10%。

T4(后融合持续时间):7 s。

FADE(后融合动态衰减)是否开启:On。

完成电融合后,将细胞置于常温电融合池中不要超过5 min。将细胞轻柔地加到装有40 mL 1×HAT培养液的锥形管中,37 ℃孵育60 min,轻柔地将锥形管中的细胞稀释后铺板(10 cm培养皿,96孔板或384孔板)。

4. 杂交瘤细胞的筛选

融合后3～5 d,用HAT培养液半量换液,第10 d用HT培养液半量换液,第14 d用HT培养液全量换液。杂交瘤细胞长满孔底1/2～2/3时,可取培养上清液做抗体检测。常用检测方法有放射性免疫测定、酶联免疫吸附试验(ELISA)、免疫荧光测定法等。ELISA法较为常用,操作简便快捷,灵敏度高。具体方法参考相关免疫学手册。

5. 克隆化

由于阳性培养孔中不同杂交瘤细胞产生的多种抗体会针对同一抗原的不同抗原决定簇,同一个阳性孔中可能也存在不分泌抗体的杂交瘤细胞,因此需要将分泌针对某一抗原决定簇的特异抗体的细胞集落分离出来。克隆化是保证阳性杂交瘤细胞处于优势生长状态、获得针对某一抗原决定簇的特异均质抗体的有效途径。其方法有有限稀释法、软琼脂培养法、单细胞显微操作法等。有限稀释法是较为常用的方法。具体操作为:

(1)将阳性孔中的杂交瘤细胞吹打成均匀的细胞悬液,取少量细胞悬液计数。

(2)用含有20%血清的HT培养基将杂交瘤细胞悬液稀释至5个/mL、15个/mL、50个/mL 3种不同浓度。按照$(1\sim5)\times10^4$个/mL的浓度,在上述杂交瘤细胞悬液中分别加入腹腔巨噬细胞。

(3)将3种稀释浓度的杂交瘤细胞悬液分别接种于3块96孔培养板(0.2 mL/孔)上,三块培养板每孔的细胞数分别为1,3和10。置于37 ℃、5% CO_2培养箱中培养。

(4)培养7~10 d后,可见较小的细胞克隆。待细胞克隆长满孔底的1/2~2/3时,可再进行抗体检测。阳性孔的单克隆杂交瘤细胞即为阳性克隆,所分泌抗体为单克隆抗体。通常克隆化的过程需2~3次,甚至更多次。

(5)克隆化得到的细胞可以$10^6\sim10^7$个/mL的细胞浓度在液氮中冻存,冻存液为含有10%~20%血清、5%~10% DMSO的HT培养基。冻存杂交瘤细胞时应让温度逐渐降低,4 ℃放置0.5 h、-20 ℃冻存2 h,最终转移至-80 ℃冰箱(或液氮)中长期保存。需要该杂交瘤细胞系时可进行细胞的复苏。

6. 单克隆抗体的大量制备

克隆化的杂交瘤细胞经大规模细胞培养(如滚瓶培养)可获得单克隆抗体。若要大量制备单抗,需要对杂交瘤细胞进行高密度的培养。也可将杂交瘤细胞植入小鼠体内,通过收集腹水而得到大量的单克隆抗体。

7. 单克隆抗体的鉴定

克隆化的不同杂交瘤细胞株分泌的单克隆抗体可能针对抗原的不同抗原决定簇,针对同一抗原决定簇的抗体也可能存在种类和亚型的差异,因此在大量制备后须对单克隆抗体进行鉴定。一般的鉴定包括以下几个方面:抗体的特异性、抗体的类型分析、抗体的亲和力、抗体识别的抗原表位。单克隆抗体的纯化、鉴定以及标记方法可在相关生物化学、免疫学实验手册中获得。

【实验结果】

（1）细胞融合后，在倒置显微镜下观察可见未融合及融合的各种类型细胞。融合的细胞中，除已完成融合的细胞外，还可见到呈哑铃形的正在发生融合的细胞。

（2）融合后培养3～5 d，骨髓瘤细胞死亡，换液可清除部分因丧失贴壁性从孔底脱落的细胞。脾细胞较小，约在融合后14 d死亡，换液可部分清除死细胞以减少对活细胞的毒害。培养孔中较大、透明的细胞为杂交瘤细胞。融合后第一周前后可见较小的细胞克隆，每孔可能出现多个克隆。

（3）克隆化一周左右即可看到小的克隆（见图24-2），有单个细胞克隆的培养孔应做好标记。单细胞克隆接近球形，其他形状的细胞团块可能不是单细胞克隆。

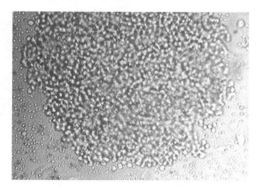

图24-2 ｜ 单克隆杂交瘤细胞

【注意事项】

（1）所有使用活体动物的方案都必须预先进行审核并得到学校实验动物福利委员会的批准。

（2）所有与活细胞接触的溶液、器具必须灭菌，要依照无菌操作技术要求来操作，如果没有特殊要求，所有培养箱都是保持潮湿、37 ℃、5% CO_2的环境。

（3）PEG有毒性，操作过程中注意安全，避免沾到皮肤上。严格控制PEG作用时间，通常处理1～2 min。PEG与二甲基亚砜并用，可以提高细胞的融合率。

（4）电融合时电压过高，使细胞连接速度加快，不利于细胞融合。细胞状态影响融合效果，必须收集对数生长期细胞。

思考题

若针对某一蛋白进行单克隆抗体的制备，需要对实验中涉及的技术做哪些调整？应如何设计实验？

实验25 | 小鼠睾丸支持细胞(TM4)波形蛋白及微管蛋白的检测

【实验目的】

(1)观察小鼠睾丸支持细胞TM4内波形蛋白及微管蛋白的分布。

(2)掌握细胞爬片的制作。

(3)掌握体外培养细胞免疫荧光染色的方法。

【实验原理】

细胞形态主要由细胞骨架决定。细胞骨架是位于真核细胞细胞质中的一类纤维状蛋白基质。这些纤维状结构在细胞内呈网状、束状或带状等不同形态。它由微丝、微管及中间纤维组成,三者高度协调分布,与细胞核、质膜、细胞器相连,构成了细胞形态骨架和运动协调系统,以保持细胞的形态和行使运动功能,并对信号传递有重要意义。

波形蛋白是细胞骨架中一种重要的中间纤维,在细胞形态维持、细胞运动、细胞信号转导和细胞凋亡等过程中起着重要作用。在睾丸中,波形蛋白是支持细胞与间质细胞的细胞骨架成分,与支持细胞、生精细胞间的物质和信息交流,精子释放以及间质细胞功能有紧密联系。

微管蛋白是一种广泛存在的细胞骨架组成成分,担任多种结构和功能角色,涉及核分裂、细胞运动、维持细胞形状和分泌功能。微管蛋白是球形分子,有两种类型,即α-微管蛋白(α-tubulin)和β-微管蛋白(β-tubulin),这两种微管蛋白具有相似的三维结构,能够紧密地结合成二聚体,作为微管组装的亚基。在睾丸中微管蛋白主要在支持细胞细胞质中表达,在保持生精细胞的稳定以及生精细胞与支持细胞的连接中发挥重要作用,同时在精子发生与精子成熟释放中也有一定的作用。

通过免疫荧光染色可以标记睾丸支持细胞的波形蛋白和微管蛋白,在荧光显微镜或激光共聚焦显微镜下显示不同的荧光。在某些病理情况下或外源性毒物侵入时,二者在睾丸支持细胞中的形态和分布会发生巨大改变。本实验对于判断睾丸支持细胞的功能具有显著意义。

【实验用品】

1.主要实验材料

小鼠睾丸支持细胞(TM4)。

2.主要实验器具

倒置显微镜、荧光显微镜(或激光共聚焦显微镜)、CO₂培养箱、超净工作台、培养皿、细胞计数板、盖玻片。

3.主要实验试剂

(1)DMEM/F12培养液。

(2)无支原体胎牛血清。

(3)磷酸缓冲液(PBS缓冲液,0.01 mol/L)。

(4)D-Hanks液,溶解后调pH至7.2,无菌条件下滤过孔径0.22 μm的甲基纤维素微孔滤膜,低温保存备用。

(5)0.25%胰蛋白酶-0.02%EDTA:称取胰蛋白酶0.25 g、EDTA 0.02 g分别溶于少量D-Hanks液后混合并定容至100 mL,无菌条件下滤过孔径0.22 μm的甲基纤维素微孔滤膜,低温保存备用。

(6)丙酮。

(7)1% Triton X-100。

(8)牛血清白蛋白(BSA)。

(9)兔抗小鼠波形蛋白抗体。

(10)大鼠抗小鼠α-微管蛋白抗体。

(11)FITC标记山羊抗兔IgG。

(12)TRITC标记山羊抗大鼠IgG。

(13)5% 缓冲甘油。

【方法与步骤】

(1)取生长旺盛的第4 d的细胞,用0.25%胰蛋白酶-0.02%EDTA消化后制成1×10⁵个/mL的细胞悬液,接种于已预置好小盖玻片的24孔培养板中。

(2)放入CO₂培养箱中,在35 ℃、5%CO₂及完全饱和湿度条件下进行培养。当细胞生长至玻片面积的70%时取出玻片。

(3)用PBS缓冲液冲洗盖玻片3次,每次5 min,用4 ℃的丙酮固定20 min后自然干燥。

(4)用1% Triton X-100通透三次,每次5 min。

（5）取一半盖玻片,用于波形蛋白染色。加入兔抗小鼠波形蛋白抗体(用5% BSA配制,比例为1:100),4 ℃冰箱内孵育过夜。

（6）从冰箱取出后在37 ℃下继续孵育20 min。

（7）PBS缓冲液清洗5 min×3次。

（8）加入FITC标记山羊抗兔IgG(比例为1:50),37 ℃孵育60 min。

（9）PBS缓冲液清洗5 min×3次。

（10）PBS缓冲液清洗3 min×1次。

（11）5%缓冲甘油封片。

（12）取另一半盖玻片,用于微管蛋白染色。步骤同上文步骤(5)至(11),一抗用大鼠抗小鼠α-微管蛋白抗体,二抗用TRITC标记山羊抗大鼠IgG。

（13）在荧光显微镜或激光共聚焦显微镜下观察,照相记录。

【实验结果】

在荧光显微镜下,波形蛋白发出绿色荧光(彩图25-Ⅰ A),微管蛋白发出红色荧光(彩图25-Ⅰ B)。波形蛋白表达在细胞质中,由核周的细胞质呈辐射状向四周伸展,直到细胞膜。细胞中波形蛋白多且分布均匀,整个细胞的细胞质内分布着辐射状或网状的波形蛋白。微管蛋白也表达在细胞质中,呈网状分布,在细胞核边缘和靠近细胞膜处表达较强。

【注意事项】

（1）睾丸支持细胞的培养温度与一般体细胞不同,需要在35 ℃温度条件下培养。

（2）细胞接种在盖玻片上后要定时观察,当细胞生长至玻片面积的70%时进行实验。

（3）一抗的浓度不是固定的,应进行多次预实验后确定最佳稀释浓度。

（4）由于荧光易衰减,应及时观察并照相记录。

【作业】

比较波形蛋白和微管蛋白在TM4细胞中分布的异同。

思考题

（1）在进行免疫荧光染色时,一抗、二抗应如何选择?

（2）波形蛋白和微管蛋白在睾丸支持细胞内的分布与其功能有何联系?

实验26 ｜ 肝细胞株L02中NLRP3炎症小体活化检测

【实验目的】

(1)了解炎症小体活化及其病理作用的相关知识。
(2)了解炎症小体活化的检测方法。

【实验原理】

炎症小体(inflammasome)是细胞内以活化caspase-1为主的一类蛋白质的相互作用平台,是主要应对外界感染、自身代谢紊乱等细胞危险状况的重要应答系统。通过炎症小体引起caspase-1活化及其广泛的下游效应,机体产生抗感染的各种免疫应答,也对高糖、高脂等代谢失调来源的危险信号产生应答。通过促进固有免疫应答、T细胞和B细胞的免疫应答,清除引起感染的病原微生物,清除发生代谢风险的细胞等,促进组织修复,降低损伤,从而维持机体内环境的稳态。炎症小体异常的活化也导致各种难治性感染、慢性炎症、损伤甚至癌症发生,比如结核、艾滋病、重症流感、非酒精性脂肪性肝炎、糖尿病、溃疡性结肠炎、血管粥样斑块形成等。因此,炎症小体成为许多难治性感染和代谢性疾病潜在的治疗靶标。

NLRP3炎症小体是目前炎症小体中最为重要的一种类型。NLRP3全名为含核苷酸结合寡聚化功能域及富集亮氨酸重复序列的pyrin功能域3样受体(the nucleotide-binding oligomerization domain, leucine-rich repeat-containing receptor-containing pyrin domain 3),它可以通过亮氨酸富集基序结合多种不同的配体,导致下游的巨分子蛋白质复合物形成,此为炎症小体活化平台,征募pro-caspase-1蛋白,使之可以自我切割,产生有酶活性的caspase-1蛋白,这个过程称为炎症小体活化。caspase-1又称为白细胞介素1转化酶,可切割pro-IL-1β等,对炎症应答、特异性免疫应答都有强大的促进作用。

炎症小体的活化有以下几项标志性细胞事件:NLRP3和pro-caspase-1结合在一起。寡聚到一起的pro-caspase-1自我切割产生有酶活性的20 kDa或10 kDa亚单位。产生17 kDa的白细胞介素-1β(IL-1β),并释放到胞外。

NLRP3炎症小体异常活化与肝炎、肝硬化和肝癌密切相关。通常认为这个过程主要是由肝内骨髓来源的细胞(比如肝巨噬细胞)炎症小体活化参与,但肝细胞中的NLRP3蛋白是否可以像骨髓来源的细胞一样活化炎症小体呢?本次实验采用LPS(脂多糖)联合ATP的经典刺激信号,建立肝细胞株L02活化模型,检测其表达的NLRP3炎症小体的活化情况。LPS预激L02细胞,使它上调NLRP3、caspase-1等蛋白表达,为活化做好准备。ATP是活化必需的第二信号,在绝大多数细胞中,ATP信号激发之后NLRP3才能与各种装配所需蛋白结合,包括caspase-1,形成炎症小体活化平台(见图26-1)。检测炎症小体是否装配成功的实验有多种,激光共聚焦显微镜的精准定位常用于检测细胞内蛋白质分子的相互作用,理论上当两个蛋白质在细胞内空间定位一致时,那么可认为它们在胞内结合在一起。Western blotting(蛋白质印迹法)是检测具酶活性的20 kDa亚单位是否存在的最经典方法。IL-1β作为一种细胞因子,是一种可溶性的胞外蛋白,对于该类蛋白,ELISA是最经典的检测方法。

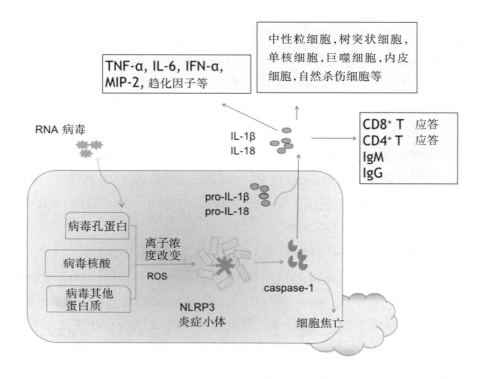

图26-1 | NLRP3炎症小体活化及其下游的效应机制

【实验用品】

1.主要实验材料

L02细胞株。

2.实验仪器与用具

激光共聚焦显微镜、蛋白质电泳及转膜装置、化学发光显影仪、酶标仪、超净工作台、冰箱、培养皿、移液器、1.5 mL离心管、酶标板、PVDF(聚偏氟乙烯)膜等。

3.主要实验试剂

(1)LPS储存液:取10 mg LPS加入10 mL超纯水中,配成1 mg/mL溶液,分装储存。工作浓度为0.1～1.0 μg/mL。

(2)ATP储存液:取1 g ATP加入3.94 mL超纯水中,配成500 mmol/L溶液,分装储存。工作浓度为5 mmol/L。

(3)DAPI染色液。

(4)含10%胎牛血清的DMEM培养基。

(5)无血清的Opti-MEM培养基(Invitrogen)。

(6)IL-1β的ELISA检测试剂盒(包括捕获抗体、检测抗体、HRP标记的链霉亲和素和TMB)。

(7)抗-NLRP3抗体。

(8)抗-caspase-1抗体。

(9)caspase-1抑制剂YVAD。

(10)细胞固定液:含4%多聚甲醛的PBS缓冲液。

(11)化学发光显影液。

(12)细胞裂解液。

(13)蛋白酶抑制剂。

(14)封闭液:5%脱脂奶粉。

【方法与步骤】

1. ELISA方法检测L02细胞株上清液IL-1β的浓度

(1)实验分组:设置12 h和24 h组,并设置caspase-1酶特异性抑制剂剂量递加实验组。(见表26-1,表格中"+"表示添加试剂。)

表 26-1 ELISA 实验分组设置

试剂种类、终浓度及处理时间	1	2	3	4	5	6	7	8	9	10
LPS 0.1 μg/mL, 12 h	+	+	+	+	+					
LPS 0.1 μg/mL, 24 h						+	+	+	+	+
ATP 5 mmol/L, 0.5 h		+	+	+	+		+	+	+	+
YVAD 5 μmol/L, 0.5 h			+					+		
YVAD 20 μmol/L, 0.5 h				+					+	
YVAD 40 μmol/L, 0.5 h					+					+

（2）LPS 联合 ATP 刺激 L02 细胞株，激发 L02 细胞株 NLRP3 炎症小体活化。

①用含 10% 胎牛血清的 DMEM 培养基正常培养 L02 细胞株。

②传代于 6 孔板，调整细胞浓度为 $(5\sim10)\times10^5$ 个/孔。第二天进行刺激。

③换细胞培养基为 Opti-MEM 培养基，加入 LPS 储存液使终浓度为 0.1 μg/mL，培养 12～24 h。加入 ATP 储存液使终浓度达到 5 mmol/L，同时加入适量 YVAD 使其达到相应浓度，继续培养 0.5 h。

④收获细胞上清液用于 ELISA 检测。

（3）ELISA 检测 IL-1β 在细胞上清液中的分泌量。

采用双抗体夹心法检测细胞培养上清液中的 IL-1β。

2. Western blotting 方法检测细胞裂解物中具有酶活性的 caspase-1 p10 亚单位

（1）实验分组：见表 26-2，表格中"＋"表示添加试剂。

表 26-2 Western blotting 实验分组设置

试剂种类、终浓度及处理时间	1	2	3
LPS 1 μg/mL, 12 h		+	+
ATP 5 mmol/L, 6 h			+

（2）LPS 联合 ATP 刺激 L02 细胞株，激发 L02 细胞株 NLRP3 炎症小体活化。

①用含 10% 胎牛血清的 DMEM 培养基正常培养 L02 细胞株。

②传代于 6 孔板，调整细胞浓度为 1×10^6 个/孔。第二天进行刺激。

③换细胞培养基为 Opti-MEM 培养基，加入 LPS 储存液使终浓度为 1 μg/mL，培养 12 h。加入 ATP 储存液使终浓度达到 5 mmol/L，继续培养 6 h。

④将 0.3 mL 含蛋白酶抑制剂的裂解液加入细胞培养孔裂解细胞，收获细胞裂解物，用于 Western blotting检测。

（3）Western blotting检测细胞裂解物中是否存在caspase-1 p10亚单位。

3. 激光共聚焦显微镜检测L02细胞株中NLRP3炎症小体平台的装配

（1）实验分组：见表26-3，表格中"＋"表示添加试剂。

表26-3 激光共聚焦显微镜检测实验分组设置

试剂种类、终浓度及处理时间	1	2	3
LPS 1 μg/mL，12 h		＋	＋
ATP 5 mmol/L，0.5 h			＋

（2）LPS联合ATP刺激L02细胞株，激发L02细胞株NLRP3炎症小体活化。

①用含10%胎牛血清的DMEM培养基正常培养L02细胞株。

②将干净已灭菌的24 mm×24 mm盖玻片置于6孔板中，将细胞传代于该6孔板，调整细胞浓度为$1×10^6$个/孔。第二天进行刺激。

③换细胞培养基为Opti-MEM培养基，加入LPS储存液使终浓度为1 μg/mL，培养12 h。加入ATP储存液使终浓度达到5 mmol/L，继续培养0.5 h。

④收获时去上清液，用PBS缓冲液清洗细胞爬片两次，参照免疫细胞化学的实验步骤，进行细胞打孔，孵育一抗和二抗后，即用细胞固定液固定。

（3）取出细胞爬片，用50%甘油/PBS缓冲液封片，进行激光共聚焦检测。

【实验结果】

L02细胞在用LPS处理24 h后，整体的IL-1β水平增高。ATP作用可促进IL-1β分泌，caspase-1的特异性抑制剂降低IL-1β分泌，其抑制作用随抑制剂剂量增加而加强，说明IL-1β的分泌是caspase-1活化产生的。caspase-1抗体可结合的蛋白条带在ATP加入组增多，说明ATP在L02细胞株中促进了有酶活性的caspase-1产生（见图26-2）。激光共聚焦显微镜检测结果图片（彩图26-I）中NLRP3发出绿色荧光，caspase-1发出红色荧光，紫色荧光处是DAPI标记的细胞核。在未刺激的L02细胞（L02组）中，这两种蛋白的信号暗淡，但DAPI都有显影，说明有L02细胞，但NLRP3和caspase-1蛋白表达水平很低。在LPS刺激12 h后，这两种信号都明显增强，说明LPS刺激12 h的确能有效上调L02细胞株表达NLRP3和caspase-1这两个蛋白，但是绿色荧光和红色荧光并不重合（L02 LPS组），说明这两个蛋白在细胞中是分离的。在第三组（L02 LPS＋ATP组）中，NLRP3和caspase-1荧光信号明显聚集在一起，说明在L02细胞株中，NLRP3和caspase-1结合在一起了（NLRP3炎症小体成功装配），即ATP对于NLRP3炎症小体的装配很重要。

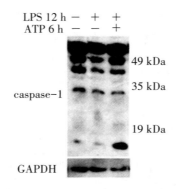

图 26-2 | Western blotting方法检测细胞裂解物中具有酶活性的caspase-1 p10亚单位

【注意事项】

（1）Western blotting实验中，在将电泳胶上蛋白转印到PVDF膜上时，不要放反方向。

（2）进行ELISA检测时，尽量在上清液收获之后48 h内完成检测，如需更长时间，将样品于-20 ℃冰箱冻存。

思考题

（1）在查看Western blotting结果时，能不能通过比较分析，确定阳性条带所指示蛋白质分子在不同实验分组之间数量发生了改变？

（2）本实验中应用ELISA检测细胞上清液中的IL-1β时，实验分为12 h和24 h两组，其目的是什么？

实验27 ｜ 罗非鱼胚胎干细胞的分离、培养与鉴定

【实验目的】

(1)掌握鱼类胚胎干细胞分离、培养与鉴定方法。

(2)了解细胞分化的基本知识。

【实验原理】

胚胎干细胞来源于早期囊胚的内细胞团,具有自我更新与多向分化潜能,在再生医学、发育生物学、功能基因组学等领域具有极大应用前景,成为当前生命科学研究的重点和热点课题。自1981年小鼠胚胎干细胞首次成功制备以来,迄今国内外学者相继成功建立了人、猪、牛、猴、青鳉、斑马鱼等胚胎干细胞系。

罗非鱼隶属于鲈形目(Perciformes)、丽鱼科(Cichlaidae),具有生长快、抗逆性强、繁殖周期短(14 d)等特点,是世界重要养殖鱼类,同时也是开展胚胎干细胞研究及其应用研究的理想对象。本实验采用尼罗罗非鱼(*Oreochromis niloticus*)早期囊胚分离胚胎干细胞,用含自身胚胎提取物(TEE)的条件培养基,建立其胚胎干细胞系(TES1),并对其干细胞特性进行鉴定。

【实验用品】

1. 主要实验材料

罗非鱼受精卵、罗非鱼囊胚中期胚胎。

2. 主要实验器具

CO_2细胞培养箱、超净工作台、倒置显微镜、体视显微镜、普通PCR仪、不同规格细胞培养板、电泳仪、凝胶成像系统、镊子、吸管等。

3. 主要实验试剂

（1）无菌PBS缓冲液（pH＝7.4）、视黄酸（RA）、甘油、红色荧光染料PKH26、1∶1（体积比）甲醇-丙酮固定液、0.1 % 漂白剂（NaClO，Sigma）、0.1%明胶。

（2）条件培养基TESM配制：

按表27-1将DMEM（培养基）溶解于800 mL去离子水后，再依次加入其他成分，调pH至7.4～7.6，定容至1 L，最终用无菌过滤器（0.22 μm）过滤除菌，分装待用。

表27-1　TESM配方

成分	浓度
DMEM	13.37 g/L
HEPES（羟乙基哌嗪乙磺酸）	4.76 g/L
青链霉素	100 U/mL
L-谷氨酸	2 mmol/L
非必需氨基酸	1 mmol/L
丙酮酸钠	1 mmol/L
巯基乙醇	55 μmol/L
亚硒酸钠	2 μmol/L
成纤维细胞生长因子	10 ng/mL
罗非鱼胚胎提取物	每毫升加入0.4个胚胎的提取物
胎牛血清	15 %
罗非鱼血清	0.2 %

（3）BCIP/NBT染色液：染色液的配方见表27-2。

表27-2　BCIP/NBT染色液配方

碱性磷酸酶染色缓冲液	3 mL
BCIP溶液（300×）	10 μL
NBT溶液（150×）	20 μL
BCIP/NBT染色工作液	3.03 mL

（4）胚胎孵化液：1.7 mol/L NaCl，27.2 mmol/L $CaCl_2$，40.2 mmol/L KCl，65 mmol/L $MgSO_4$，500 U/mL Pen Strep（青霉素-链霉素双抗）。

（5）移植液：100 mmol/L NaCl，5 mmol/L KCl，5 mmol/L HEPES，pH＝7.2。

（6）引物序列见表27-3。

表27-3　PCR引物序列

Gene	Accession Number	Forward primer	Reverse primer	Size (bp)
pou5f3	XM_003444407	ACCGAACACCCAAGCAATCA	TTGAGGCATGTAGAGCGTGG	229
sox2	XM_003457353	ATGTATAACATGATGGAGAC	TTACATGTGTGTTAACGGCAG	969
myc	XM_005448983	GAAAATCTGAAAGCCTCGCCGT	ATCCTCTTCCTCTGAATCGCTAC	733
klf4	XM_003456188	GACTGGATAATGTGGATGAGGGT	GGTAGTGTGCCGTATGTCCG	738
nf200	XM_003451752	GCCGAGGAGTGGTTCAAAGT	GGTTTCCTGTAGTGAGTTGAGGT	225
actn2	XM_003438295	CAACAGAGGAAAACCTTCACAGC	TCCCTCTATCTGGCTTGGGT	157
hnf3b	XM_003446172	ACGGAGAGCCCGAGTGTTA	ATGCCCGTGTTGACGTATGA	151
sox10	XM_003447877	TGGACGGGTATGACTGGACA	CAGTAGCCTCCACAGTTTGCC	197

【方法与步骤】

1.细胞分离与培养

收集罗非鱼囊胚，无菌PBS缓冲液（pH＝7.4）清洗3次，0.1%漂白剂（NaClO）消毒2 min后再用无菌PBS缓冲液清洗干净，在体视显微镜下用尖头镊子剥离动物极的细胞，吸取出细胞团块后轻轻吹打，用PBS缓冲液洗去杂质后将获得的单细胞转移至0.1%明胶包被的96孔细胞培养板中，用TESM培养基在28 ℃培养箱中培养。当细胞汇合度达到80%时传代培养，依次转移至48孔板、24孔板、12孔板、6孔板进行扩大培养。

2. 细胞克隆

将约10^4个细胞接种于10 cm无菌培养皿上，加入适当的TESM培养基，10 d后挑出单克隆扩大培养。

3.体外鉴定

（1）多能性相关基因表达。

通过RT-PCR、免疫组化检测不同代次胚胎干细胞多能性相关分子如Pou5f1、Sox2、Myc、Klf4等的表达情况，以鉴定其多能性。

（2）碱性磷酸酶（AP）染色。

AP是胚胎干细胞鉴定的重要辅助指标。具体方法：

①将生长态势良好的细胞接种在12孔板上，使其初始密度为$1×10^5$个/mL左右，28 ℃下培养2 d，使汇合度达到60%～70%。

②PBS缓冲液清洗细胞，加入500 μL新配制的1∶1（体积比）甲醇-丙酮固定液，室温下固定10 min，PBS缓冲液清洗两次。

③添加 100 μL BCIP/NBT 染色液覆盖细胞,置于 28 ℃下显色 1～24 h。

④弃去 BCIP/NBT 染色液,PBS 缓冲液清洗两次。

⑤用 200 μL 的甘油浸润细胞,显微成像,细胞呈红色或者紫色。

(3)体外分化潜能鉴定。

在培养基中加入分化诱导剂视黄酸(RA),经悬浮培养,诱导胚胎干细胞形成细胞团(类胚体,EB)。RT-PCR 检测内、中、外不同胚层分化基因如 *nf200*、*actn2*、*hnf3b*、*sox10* 的表达情况,同时类胚体贴壁培养,显微观察不同分化细胞形态,可见星形细胞、神经元细胞和扁平细胞等,由此鉴定细胞的体外多向分化潜能。

4.体内分化潜能鉴定

用培养细胞显微注射胚胎,以检测其在胚胎发育过程中的体内分化潜能。用活细胞红色荧光染料 PKH26 标记胚胎干细胞,移植进受体罗非鱼中期囊胚,胚胎发育后期发现有 35 % 的胚胎($n=501$)是 PKH26 阳性细胞嵌合体,有 13% 嵌合体胚胎发育成幼鱼,同时观察发现 PKH26 阳性细胞随着胚胎的发育分布在罗非鱼身体的不同部位,如躯干、眼和鳍。从而表明,实验制备的胚胎干细胞在体内具有多向分化潜能。具体方法:

(1)准备受体囊胚:收集发育态势良好的受体罗非鱼囊胚中期胚胎,置于胚胎孵化液中(28 ℃),待注射。

(2)活细胞标记:收集细胞,用 PKH26 红色荧光染料标记细胞膜(详见 PKH26 Red Fluorescent Cell Linker Kit for General Cell Membrane Labeling 产品说明书)。

(3)准备供体细胞:用移植液将标记的细胞制成细胞悬液,放于 4 ℃下待注射。

(4)显微注射:将供体细胞用细微注射仪注入受体囊胚,每个囊胚接受 50～100 个细胞,得到嵌合体。

(5)活体示踪:注射完成的胚胎于 28 ℃正常孵化,记录不同发育时期供体细胞在体内的分布。

【实验结果】

罗非鱼囊胚刚分离的卵裂球细胞呈现多种细胞类型和分裂活性(图 27-1 B 白色箭头处)。24 代细胞的克隆生长状态如图 27-1 E 所示,28 代 88 d 细胞呈典型的圆形和多角形(图 27-1 C 至 D)。高密度生长的细胞(40 代)如图 27-1 F 所示。55 代细胞表现高碱性磷酸酶活性(彩图 27-I A)。在 16 代和 50 代细胞中通过 RT-PCR 检测到多能性基因 *pou5f3*(the *pou5f1*/*oct4* homologue),*sox2*,*myc* 和 *klf4* 的表达(彩图 27-I B)。在 40 代细胞中通过荧光抗体免疫组化检测可看到 *pou5f3* 的表达(彩图 27-I C 至 C′)。RA 可诱导培养细胞形成类胚体的形态(图 27-2 A),10 d 悬浮培养形成的 EBs 表达 3 个胚层特异的基因(图 27-2 B),但是这 3 个基因在 TES1(罗非鱼胚胎干细胞系)和 MBE(罗非鱼受体中期囊胚)中不表达。诱导分化后贴壁的细胞呈现星形细胞、神经元细胞和扁平细胞形态（图27-2 C至E）。移植PKH26标记的培养细胞进入受体中期囊胚（MBE），标记细胞随着胚胎发育在体内的分布如彩图27-II所示。

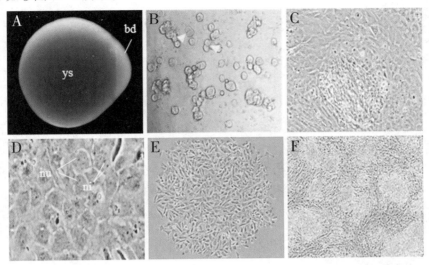

图27-1 ┃ 罗非鱼囊胚细胞形态

A. 罗非鱼囊胚,bd—囊胚层,ys—卵黄囊;B. 刚分离的卵裂球细胞呈现多种细胞类型和分裂活性(白色箭头处);C至D. 胚胎干细胞(28代88 d)呈典型的圆形和多角形;E. 24代胚胎干细胞的克隆生长;F. 高密度生长的胚胎干细胞(40代)。

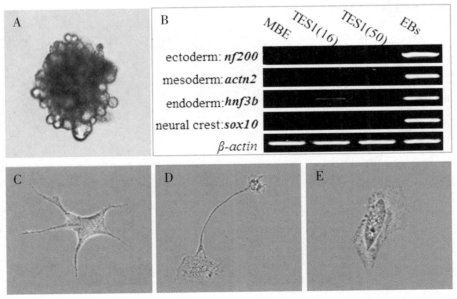

图27-2 ┃ 罗非鱼胚胎干细胞体外分化潜能

A. 细胞形成类胚体的形态,RA的浓度为100 nmol/L;B. 特异基因RT-PCR表达的结果;C至E.诱导分化后贴壁的细胞形态,C—星形细胞,D—神经元细胞,E—扁平细胞。

【注意事项】

（1）在胚胎干细胞的分离和培养过程中要注意无菌操作,避免污染。

（2）选择发育时期合适的囊胚分离细胞,用受精后6～20 h的罗非鱼囊胚分离干细胞较好。用超过囊胚时期的材料取材效果不好。

（3）培养基中胚胎提取物等添加物对胚胎干细胞的培养至关重要。

思考题

（1）使体外培养的胚胎干细胞保持其未分化状态需要哪些重要因素?

（2）胚胎干细胞多向分化潜能的检测方法有哪些?

实验28 ｜ 白血病抑制因子对罗非鱼胚胎干细胞增殖的影响

【实验目的】

（1）掌握 EdU 标记法检测 S 期细胞的原理、实验方法和应用。

（2）了解白血病抑制因子相关知识。

【实验原理】

白血病抑制因子（leukemia inhibitory factor，LIF）是白介素-6（interleukin-6，IL-6）亚家族的重要成员，最早于 1988 年在小鼠 Krebs 肉瘤细胞培养液中被纯化，因能够诱导白血病细胞株细胞向正常细胞分化，故称白血病抑制因子。LIF 具有广泛的生物学功能，在神经元的存活、形成与修复，血细胞生成，激素产生，胚胎发育，炎症反应及免疫应答等方面均具有重要作用。在胚胎干细胞的培养过程中，它能够通过抑制干细胞分化和促进 mES 细胞（小鼠胚胎干细胞）的自我更新来维持小鼠胚胎干细胞的全能性。LIF 能够维持小鼠胚胎干细胞的自我更新，但不能维持人胚胎干细胞的自我更新。LIF 在干细胞研究和医学研究上的重要价值，使得其作用机制的研究成为多数研究的焦点。

鱼类是脊椎动物中种类最多的一大类群，鱼类胚胎干细胞培养研究最早始于 20 世纪 90 年代，基本上是借鉴小鼠胚胎干细胞培养的方法。目前，鱼类胚胎干细胞的研究主要集中在青鳉（*Oryzias latipes*）、斑马鱼（*Danio rerio*）这两种小型模式物种上。罗非鱼是除青鳉和斑马鱼之外研究脊椎动物发育的理想模型之一。罗非鱼的 *Lif* 已被分离、鉴定和表达，为研究其在罗非鱼胚胎干细胞中的作用建立了基础。本实验采用 EdU 标记法检测罗非鱼 Lif 蛋白（OnLif）对罗非鱼胚胎干细胞增殖的影响。

5-乙炔基-2′-脱氧尿苷（5-ethynyl-2′-deoxyuridine，EdU）是一种胸腺嘧啶核苷类似物，能够在细胞增殖时代替胸腺嘧啶（T）掺入正在复制的 DNA 分子，可基于 EdU 与 Apollo 荧光染料的特异性反应检测 DNA 复制活性，显示 S 期细胞。EdU 标记的 S 期细胞不仅可以用于荧光显微镜观察，还可以用流式细胞仪进行分析。该方法不仅可以标记体外培养的 S 期细胞，还可用于体内 S 期细胞的标记,目前已成为基础与临床应用研究领域检测S期细胞数量、细胞增殖状态以及细胞周期进程的常用方法。

【实验用品】

1. 主要实验材料

罗非鱼胚胎干细胞。

2. 实验仪器与用具

荧光显微镜(或倒置荧光显微镜)、超净工作台、冰箱、细胞培养板、血细胞计数板、移液器、1.5 mL离心管等。

3. 主要实验试剂

(1)细胞培养液:基础培养基DMEM补充20 mmol/L HEPES,100 U/mL青霉素,100 U/mL链霉素,15%胎牛血。

(2)蛋白添加复合物(5N):2 mmol/L L-谷氨酰胺,1 mmol/L丙酮酸钠,2 mmol/L亚硒酸钠,1 mmol/L非必需氨基酸,50 mmol/L β-巯基乙醇,10 ng/mL人重组FGF(成纤维细胞生长因子),罗非鱼胚胎提取物(0.4 g/mL),0.2%罗非鱼血清。

(3)罗非鱼OnLif蛋白。

(4)PBS缓冲液:137 mmol/L NaCl,2.7 mmol/L KCl,4.3 mmol/L Na_2HPO_4,1.4 mmol/L KH_2PO_4,pH=7.2。

(5)EdU溶液:50 mmol/L,使用时用细胞培养基按1 000:1的比例稀释EdU溶液。

(6)细胞固定液:含4%多聚甲醛的PBS缓冲液。

(7)渗透剂:含0.5% Triton X-100的PBS缓冲液。

(8)甘氨酸溶液(2 mg/mL):用去离子水配制。

(9)Apollo染色液。

(10)Hoechst33342反应液。

【方法与步骤】

1. 细胞培养

用基础培养基DMEM+5N收集罗非鱼胚胎干细胞TES1,计数,调节细胞浓度,混匀后按每孔100 μL的体积将细胞均匀铺于96孔板上。分别添加100 μL下列条件的培养液培养48 h。条件分别为:对照组 OnLif⁻(不添加 OnLif)和实验组 OnLif⁺(OnLif添加终浓度分别为1 ng/mL、10 ng/mL、100 ng/mL)。每个条件3个平行重复。

2. EdU标记

用细胞培养液按1 000∶1的比例稀释EdU溶液,制备适量50 μmol/L EdU培养基,每孔加入100 μL 50 μmol/L EdU培养基,37 ℃孵育2 h,弃去培养基。PBS缓冲液清洗细胞2次,每次5 min。

3. 固定

加入100 μL含4%多聚甲醛的固定液室温固定30 min,弃去固定液。加入100 μL 2 mg/mL甘氨酸溶液室温孵育5 min,弃去甘氨酸溶液。每孔加入100 μL PBS缓冲液,脱色摇床漂洗5 min,弃去PBS缓冲液。每孔加入100 μL含0.5% Triton X-100的PBS缓冲液处理10 min。PBS缓冲液漂洗2次,每次5 min。

4. Apollo染色

加入100 μL Apollo染色液,37 ℃避光条件下在脱色摇床上孵育30 min,弃去染色反应液。加入100 μL含0.5% Triton X-100的PBS缓冲液(渗透剂),脱色摇床漂洗3次,每次10 min,弃去渗透剂。加入100 μL甲醇漂洗1～2次,每次5 min。PBS缓冲液漂洗3次,每次10 min。

5. DNA染色

使用前用去离子水按100∶1的比例稀释试剂100× Hoechst33342,制备适量的1× Hoechst33342反应液,避光保存。每孔加入100 μL 1× Hoechst33342反应液,避光、室温条件下在脱色摇床上孵育30 min,弃去染色反应液。每孔加入100 μL PBS缓冲液漂洗1～3次。可选择进行其他染色步骤,否则每孔加入100 μL PBS缓冲液保存待用。

6. 荧光显微镜观察

染色完成后立即进行观察。如果条件有限,须避光4 ℃湿润保存待测,但保存时间不应超过3 d。

【实验结果】

EdU(红色)标记的是正在增殖的细胞,Hoechst33342(蓝色)标记的是细胞核。OnLif处理实验组EdU阳性细胞的比例显著高于对照组。(见彩图28-I)

【注意事项】

（1）EdU 培养基用量以没过材料为宜，但需要保证 EdU 孵育时间内的营养物质持续供给。EdU 标记后进行清洗的目的是将未掺入 DNA 的 EdU 洗脱。

（2）低浓度的多聚甲醛有利于细胞结构的保持。多聚甲醛固定后加入甘氨酸的目的是中和多聚甲醛，保证染色反应体系运作，如采用其他方式固定细胞可酌情省略此步骤。

（3）Apollo 染色液的用量以覆盖材料为宜。孵育时间可以进行适当调整，调整范围为 10～30 min。

思考题

（1）本实验中，渗透处理细胞的目的是什么？

（2）如何设计实验分析尼罗罗非鱼性腺中 S 期细胞的类型和比例？

实验29 | 鱼类腹腔细胞吞噬观察

【实验目的】

(1)掌握细胞免疫荧光染色方法的原理及操作步骤。

(2)探究鱼类IgM阳性细胞的腹腔分布和吞噬功能。

【实验原理】

免疫系统主要包括免疫组织及器官、免疫细胞、免疫因子3类。免疫组织及器官为免疫细胞分化、成熟、定居及产生免疫应答提供场所;免疫细胞参与机体的免疫应答,主要分布在机体淋巴器官及血液中;免疫因子包括抗菌肽、补体、细胞因子等。三者共同构成了机体免疫的基础。鱼类免疫器官不包括骨髓和淋巴结,而是由胸腺、肾脏、脾脏和黏膜相关淋巴组织(mucosa-associated lymphoid tissue,MALT)组成,其中胸腺、肾脏和脾脏是鱼类主要的免疫器官。免疫细胞是指参与免疫应答或与免疫相关的细胞,主要包括参与特异性免疫反应的B、T淋巴细胞和参与非特异性免疫反应的吞噬细胞,如单核细胞、巨噬细胞和粒细胞。单核细胞是一类存在于所有硬骨鱼血液中并由造血细胞分化而成的终末细胞,可对外来微生物及自身受损凋亡的细胞进行吞噬,有较强的黏附及吞噬能力,同时和哺乳动物单核细胞一样有较多的胞质突起,能进行相应的变形运动。血液中的单核细胞进入组织后分化形成大的单核吞噬细胞,即巨噬细胞。粒细胞是白细胞的一类,可分为嗜中性粒细胞、嗜酸性粒细胞和嗜碱性粒细胞,但并非所有鱼类均同时具有这三种粒细胞。硬骨鱼类粒细胞主要在脾和肾中产生,软骨鱼类粒细胞则主要产生于脾脏和其他淋巴髓样组织。

高等脊椎动物腹腔含有丰富的免疫细胞,如巨噬细胞、粒细胞、淋巴细胞等,各类免疫细胞的类型和数量与腹腔以及整个机体的免疫功能密切相关。目前对低等脊椎动物鱼类腹腔细胞类型及功能的研究相对较少。本实验采用FITC标记的嗜水气单胞菌注射鱼类腹腔,提取腹腔细胞进行细胞免疫荧光染色,用荧光显微镜和流式细胞术观察分析腹腔细胞类型及其对细菌的吞噬能力,为探究鱼类腹腔细胞类型及功能提供基础。

【实验用品】

1.主要实验材料

南方鲇(或胭脂鱼),嗜水气单胞菌。

2.主要实验器具

荧光显微镜、流式细胞仪、离心机、解剖盘、解剖刀、剪刀、镊子、载玻片、盖玻片、胶头滴管、擦镜纸、吸水纸等。

3.主要实验试剂

(1)1 mg/mL FITC溶液:0.1 g FITC溶于100 mL 0.1 mol/L NaHCO$_3$溶液中。

(2)RPMI 1640培养基:含10%小牛血清。

(3)0.15 mol/L PBS缓冲液(pH=7.4):NaCl 80 g,KCl 2 g,Na$_2$HPO$_4$ 14.4 g,KH$_2$PO$_4$ 2.4 g,溶解于适量蒸馏水中后定容至1 000 mL,即得1.5 mol/L PBS缓冲液;取100 mL 1.5 mol/L PBS缓冲液,加入900 mL蒸馏水,用盐酸调节pH至7.4后定容至1 000 mL,即得0.15 mol/L PBS缓冲液。高压蒸汽灭菌,4 ℃保存。

(4)60% Percoll:先用9份Percoll与1份1.5 mol/L PBS缓冲液混合达到生理性渗透压,然后用0.15 mol/L PBS缓冲液稀释到所需浓度(60%,密度1.077 g/mL)。

(5)Giemsa染液:参考染色体标本制备实验。

(6)南方鲇(或胭脂鱼)IgM特异性抗体。

(7)Cy5标记山羊抗小鼠IgG。

(8)4%多聚甲醛。

(9)甘油。

(10)DAPI。

(11)36%甲醛。

【方法与步骤】

(1)用36%甲醛4 ℃灭活处理嗜水气单胞菌10 min,0.1 mol/L NaHCO$_3$溶液(pH=9.0)离心洗涤3次,然后悬于FITC溶液中4 ℃孵育过夜。用PBS缓冲液洗涤菌液直至上清液中无明显颜色。用PBS缓冲液将菌液浓度调整为$1×10^{10}$个/mL。菌液于−80 ℃黑暗处存储备用。

(2)腹腔注射嗜水气单胞菌:菌液浓度调整为$1×10^7$个/mL,取500 μL注射实验鱼(50～100 g/尾)腹腔。

（3）分离腹腔细胞：注射菌液3～4 h后，将鱼放置于冰上，打开腹腔，用2～5 mL PBS缓冲液冲洗腹腔，收集冲洗液，用于离心收集细胞，用1 mL PBS缓冲液重悬沉淀。将1 mL重悬液放置于装有60% Percoll（密度1.077 g/mL）的试管中，4 ℃离心，680×g，10 min。收集细胞后，用PBS缓冲液重悬。

（4）Giemsa染色：取部分腹腔细胞涂片，干燥后用Giemsa染液染色，在显微镜下观察。

（5）抗体标记：取部分腹腔细胞重悬于适当稀释的实验鱼特异性抗IgM单克隆杂交瘤上清液中，4 ℃孵育1 h，用含10%小牛血清的RPMI 1640培养基离心洗涤，1 250 r/min，5 min。细胞重悬于100 μL RPMI 1640培养基，用1:200稀释的Cy5-山羊抗小鼠IgG 4 ℃孵育1 h，用培养基离心洗涤。

（6）流式分析：取部分细胞重悬于200 μL PBS缓冲液中，用于流式细胞仪分析。

（7）细胞免疫荧光染色镜检：取部分细胞用4%多聚甲醛20 ℃下固定20 min，DAPI染色，用90%甘油滴片，盖上盖玻片后于荧光显微镜下观察。

【实验结果】

腹腔细胞涂片Giemsa染色后可观察到分叶核或杆状核中性粒细胞、单核细胞、核质比较大的淋巴细胞等，可能会混有少数红细胞。在荧光显微镜下，可观察到吞噬了细菌的细胞显示不同强度的绿色荧光（绿色箭头），部分被Cy5标记的红色IgM阳性细胞也显示出绿色信号，表明其具有吞噬细菌的能力（红色箭头）（彩图29-I）。经流式细胞仪分析，可得到FITC阳性细胞的百分率，Cy5阳性细胞的百分率，以及双阳性细胞的百分率（彩图29-II）。

【注意事项】

（1）冲洗腹腔细胞时避免出血，否则容易混入大量外周血红细胞和白细胞。

（2）免疫荧光抗体标记细胞时，要设置好阴性对照组。

思考题 ?

（1）流式细胞术检测结果中的双阳性细胞代表什么？

（2）鱼类腹腔细胞中有吞噬功能的细胞有哪些？

实验30 ‖ 核酸原位杂交显示卵巢和精巢差异表达基因

【实验目的】

（1）了解和掌握原位杂交的原理及基本操作方法。

（2）了解卵巢和精巢差异表达基因的细胞定位和相对定量方法。

【实验原理】

原位杂交组织化学技术（*in situ* hybridization histochemistry，ISHH）属于固相核酸分子杂交技术的范围。核酸分子杂交的基本原理是利用核酸分子单链之间互补的碱基序列，通过碱基对之间非共价键形成稳定的双链。固相杂交是将参加反应的一条核酸链固定在固体支持物上（常用的固体支持物有硝酸纤维素滤膜，还有尼龙膜、乳胶颗粒和微孔板等），另一条参加反应的核酸链游离在溶液中。原位杂交区别于固相核酸分子杂交中的其他核酸分子杂交技术之处是它不但可以证明在细胞或组织中是否存在待测的核酸片段，还可以确认该核酸分子在细胞或组织中存在的部位。1969年美国耶鲁大学的Gall和Pardue首先以爪蟾核糖体基因（ribosomal gene）为探针与其卵母细胞杂交，确定该基因定位于卵母细胞的核仁中。与此同时，H. A. John及其同事（1969）、M. Buongiorno-Nardelli和F. Amaldi（1970）等相继利用同位素标记核酸探针进行了细胞和组织中的基因定位，从而建立了原位杂交组织化学技术。1970年Orth应用³H标记的兔乳头状瘤病毒cRNA探针与兔乳头状瘤组织的冷冻切片进行杂交，首次用原位杂交技术对病毒DNA进行了细胞内定位。

早期的原位杂交实验常采用放射性同位素标记探针，后来因为同位素具有既污染环境又对人体有害，且受半衰期限制等缺点，科学工作者们开始探索用非放射性的标记物标记核酸探针进行原位杂交。已有的标记探针的方法有荧光素标记、2,4-二硝基苯酚（DNP）标记、磺基化DNA探针、酶促生物素标记技术、光促生物素标记核酸技术以及地高辛标记法等。目前最常用的是生物素和地高辛标记探针的方法。新的非放射性标记技术正在不断涌现，由于非放射性标记技术的原理是利用标记物的亲和性，将其直接或间接结合在核酸分子上，因此，Coulton（1991）建议将非放射性标记技术更名为亲和复合物标记探针(affinity-complex labelled probe, ACLP)技术。根据探针的核酸性质不同,核酸探针可分为 DNA 探针、RNA 探针、cDNA 探针、cRNA 探针和寡核苷酸探针等。

几十年来,原位杂交组织化学技术得到飞跃发展,在其发展过程中两个关键性的突破是对核酸探针制备和标记物的改进,即由克隆的核酸探针发展到无克隆的、合成的寡核苷酸探针,从放射性同位素标记改进为非放射性标记。同时,在传统的 ISHH 方法的基础上,科研人员又发明了一些更高效、快速的方法,如 PCR 与原位杂交细胞化学结合的原位杂交 PCR(PCR *in situ*, PCRIS)法、利用光敏生物素–链霉抗生物素蛋白(biotin-streptavidin)胶体金系统进行原位杂交的快速原位杂交细胞化学技术以及原位启动标记法等。

原位杂交组织化学技术在生命科学的研究中可以称为一项革命性的技术。它使相关研究从器官、组织和细胞水平走向分子水平,为各个学科研究的突破性进展提供了可能。目前,该技术主要应用于基因作图,基因表达定位,核 DNA 和 RNA 的排列及分布,mRNA 的分布、运输和复制,细胞的分选等方面的研究。在临床研究方面则主要应用于细胞遗传学、产前诊断、肿瘤和传染性疾病的诊断、生物学剂量测定和病毒学的病原学诊断等。

脊椎动物的性别决定与分化是性染色体上的决定基因启动大量性别相关基因参与的级联信号通路,从而诱导原始生殖性腺发育成卵巢和精巢的过程。一系列雌性通路基因调控卵巢的分化、成熟,卵子发生与排卵;而雄性通路基因调控精巢的分化、成熟,精子发生与变形。本实验分别选取雌雄通路基因采用原位杂交技术检测它们在卵巢和精巢中的表达和分布。

【实验用品】

1.主要实验材料

鲫鱼卵巢和精巢。

2.主要实验器具

脱色摇床、显微镜、染色缸、载玻片架、载玻片、盖玻片、湿盒、移液枪和吸头等。

3.主要实验试剂

(1)DEPC 水:1 L 水中加 0.5 mL 焦碳酸二乙酯(DEPC),摇匀后置于 37 ℃水浴中过夜,灭菌后备用。

(2)4%的多聚甲醛:

多聚甲醛(粉末)8 g,溶解于 100 mL DEPC 水中,60 ℃孵育 30 min(此时多聚甲醛不溶)。加入 10 mol/L NaOH 15 μL,调节 pH 至 7.4 左右,用手振荡,多聚甲醛将快速溶解,作为储备液(8%),4 ℃下可保存 1 个月。用 8%多聚甲醛储备液和 PBS 缓冲液配制 4%多聚甲醛:8%多聚甲醛储备液

50 mL,10×PBS缓冲液(DEPC水配制)10 mL,DEPC水40 mL。(4%的多聚甲醛作为工作液在1周内使用)

(3)蛋白酶K。

(4)20×SSC(saline sodium citrate)缓冲液(100 mL):8.82 g柠檬酸钠,17.53 g NaCl,搅拌溶解后调pH至5.0,过滤后加DEPC水(0.5 mL/L),摇匀后37 ℃水浴过夜,灭菌后备用。

(5)抗体:抗地高辛-碱性磷酸酶偶联物(Anti-Dig-AP)。

(6)BCIP/NBT显色剂。

(7)马来酸溶液(MAB)(1L):100 mmol/L马来酸,150 mmol/L NaCl,用固体NaOH调整pH至7.5,过滤后灭菌备用。

(8)MABT+封闭液:MAB+Tween-20(0.1%)配成MABT液,70% MABT+10%灭活血清+20%封闭液(100 g/L,用MAB配制),现用现配。

【方法与步骤】

◆(一)材料的准备

1. 固定

解剖新鲜的卵巢和精巢,将组织块放置于10倍于组织体积的4%多聚甲醛溶液中固定1～2 h(室温),或4 ℃过夜,其间缓慢摇动。

2. 脱水与石蜡包埋

与常规石蜡包埋基本一致,但需水的试剂要用DEPC水配制。

3. 组织切片与展片

采用多聚赖氨酸包被的无RNase载玻片,组织切片厚度应为5～8 μm,为避免RNase污染,应保持使用无粉手套和DEPC水,切片完全干燥后应保存于4 ℃下。

◆(二)探针制备

(1)选取卵巢高表达基因*Cyp19a1*、*ZP*基因等和精巢高表达基因*Sox9*、*Dmrt1*和*Amh*等,将目的基因的cDNA或ORF(可读框)插入到pGEM-T Easy载体(Promega,或者其他带有T7和SP6 RNA聚合酶结合位点的载体)上,提取质粒DNA,并测序验证。

(2)测序验证后,挑选含所需插入方向的质粒,用T7和SP6结合位点外围的前后引物扩增包含T7和SP6结合位点和目的片段的线性DNA。

（3）PCR产物的纯化和定量。

（4）取0.5～1.0 μg PCR产物用于T7和SP6的体外转录（制备探针），转录体系（20 μL）按照试剂盒说明配制。

（5）混合并离心。37 ℃温育2～3 h。加入DNase I（RNase free，10 U/μL）2 μL，混合并离心，37 ℃温育15 min。

（6）加入50 μL（2.5倍体积）100%乙醇，2 μL（1/10体积）NaAC溶液涡旋混匀，在−20 ℃下放置2～6 h或者过夜。

（7）4 ℃，14 000 r/min离心30 min。用70%乙醇（DEPC水配制）洗一次。4 ℃，14 000 r/min离心15 min。

（8）移去乙醇并室温放置5 min使乙醇挥发。加入50 μL DEPC水和1 μL RNase抑制剂，使用前测量RNA探针浓度（SP6约100 ng/μL，T7约400 ng/μL），探针可在−80 ℃下保存1个月。

◆**（三）杂交**

同时准备正义探针（T7）和反义探针（SP6）。

（1）复水：二甲苯，5 min×3次；100%乙醇，1～5 min×2次；90%乙醇，1 min；80%乙醇，1 min；70%乙醇，1 min；0.85×PBS缓冲液，5 min×3次。

（2）37 ℃蛋白酶K，4～10 μg/mL处理5～15 min，0.85×PBS缓冲液洗5 min。

（3）用4%多聚甲醛在室温中再次固定15 min，2×SSC缓冲液室温处理5 min。

（4）预杂交：加入用2×SSC缓冲液配制的66%去离子甲酰胺溶液，60 ℃孵育1 h（在染缸中进行）。

（5）杂交：探针加入杂交缓冲液中至终浓度为300 ng/mL，60～65 ℃杂交14～16 h（湿盒中进行，可在其中加入预杂交液，以保证杂交过程中杂交体系不会干）。

（6）洗脱，此步骤后不再需要DEPC水：加入用2×SSC缓冲液配制的50%甲酰胺溶液，55～60 ℃洗20 min，洗2次。用1×SSCT（在SSC缓冲液中按照1/1 000的比例加入Tween-20）在65 ℃下洗15 min（2次）。待片子冷却，用1×PBST（在PBS缓冲液中按照1/1 000的比例加入Tween-20）洗5 min（2次）。MABT洗5 min（2次）。

（7）封闭：在载玻片上滴加100 μL MABT＋封闭液，室温封闭1～2 h。

（8）抗体结合：用MABT＋封闭液按1∶2 000的比例稀释抗体（Anti-Dig-AP），滴加到载玻片上，在湿盒中室温孵育3 h或4 ℃孵育过夜。

（9）洗脱：用MABT＋10%灭活血清在室温下洗25 min。用MABT在室温下洗3次，每次20 min。1×PBST洗3次，每次10 min。1×PBS缓冲液洗3次，每次10 min。

（10）显色：BCIP/NBT显色剂在碱性磷酸酶底物显色前混匀，滴加100 μL显色剂，避光显色30 min。显微镜下观察显色效果，直至出现满意的颜色。

(11)洗涤:吸去底物,用PBST在室温下洗3次,每次5 min。

(12)水溶性封片剂封片,显微镜观察。

【实验结果】

阳性信号根据显色时间不同显示为淡紫、紫红至深褐色,阴性对照不显色。

【注意事项】

(1)从固定到杂交步骤,应注意防止外源RNA酶污染样本,在操作时应予以特别注意,使用的溶液应是经DEPC处理过的或用DEPC水配制的。DEPC有一定的毒性,使用时最好戴上手套,并在通风橱中操作。

(2)在杂交和抗体检测过程中,尤其是在孵育和换液的步骤中,切勿使样本干燥,否则容易出现非特异性染色。

(3)底物显色时应尽量避光操作。

思考题

(1)本实验的对照组是如何设置的?用反义链探针杂交应定位在细胞的什么位置?正义链杂交在什么位置?

(2)卵巢和精巢高表达的基因分别定位于哪些类型细胞中?

实验31 | 斑马鱼早期胚胎血细胞的染色及观察

【实验目的】

(1)了解几种血细胞染色的方法以及血细胞的观察。

(2)了解斑马鱼的早期发育过程。

(3)通过观察红细胞、粒细胞和巨噬细胞的分布及动态变化,理解细胞分化过程中细胞形态结构和功能的差异性。

【实验原理】

在脊椎动物的个体发育过程中,造血连续发生在多个造血位置或器官处。在血细胞分化过程中,会产生一系列的具有一定数量和特定功能的细胞类型。早期胚胎造血先产生维持发育所需的巨噬细胞、粒细胞和红细胞,随后产生具有自我更新和血液谱系分化能力的造血干细胞(HSC)。造血干细胞起源于胚胎期,最后定居在哺乳动物的骨髓中以维持一生所需的血液细胞数量。斑马鱼具有体外受精和胚胎透明的特点,易于实时成像观察造血发生的过程和追踪血液细胞的起源,更为重要的是其造血发生同哺乳动物小鼠等一样在进化上高度保守。

利用活体染色剂或通过固定胚胎染色的方法,可以观察不同类型血细胞的分布和特定结构,并且可检测细胞的动态变化。苏丹黑(sudan black)是一种脂溶性染料,可将细胞质中的中性脂肪、磷脂及胆固醇等脂类染成棕黑色颗粒。苏丹黑一般被用来染嗜中性粒细胞,因为其最为成熟,脂类含量最丰富,会被苏丹黑标记上。苏丹黑染色(sudan black staining)在鉴别白血病类型,尤其在帮助鉴别急性非淋巴细胞白细胞与急性淋巴细胞白细胞时较过氧化物酶染色(peroxidase staining)更敏感。中性红(neutral red),又称二甲基二氨基吩嗪氯化物或甲苯红,是一种酸碱指示剂,易溶于水呈红色。中性红早在1941年就被用于植物细胞的活体染色,主要作用于植物细胞的液泡。1974年,研究人员发现中性红可以被应用于观察哺乳动物细胞中以溶酶体为代表的酸性细胞器。巨噬细胞(或脑中枢神经系统中的小胶质细胞)含有大量的溶酶体,溶酶体中含有酸性水解酶,所以当其吞入中性红后会被染成红色或砖红色。

【实验用品】

1. 主要实验材料

3～4 d 的斑马鱼胚胎。

2. 主要实验器具

普通光学显微镜、恒温培养箱、2 mL 离心管、吸管、载玻片等。

3. 主要实验试剂

中性红染色液、4% 多聚甲醛、苏丹黑染色液、70% 乙醇、1×苯基硫脲/卵水（1×PTU/egg water）、1×PBST、麻醉剂三卡因（tricaine）（4 mg/mL）、甘油。

【方法与步骤】

1. 粒细胞的观察：苏丹黑染色

（1）吸管吸取一定数量的实验鱼（一般 30～40 尾）于 2 mL 离心管中。

（2）吸干水分,加入 4% 多聚甲醛溶液（加 Tween-20）固定实验鱼,常温 4 h 或 4 ℃过夜。

（3）移除固定液,加入 1×PBST 溶液洗涤两次,每次 5 min。

（4）加入苏丹黑染料,新鲜配制的染料一般染 20～25 min,旧染料一般染 30～35 min。

（5）回收染料,加入 70% 乙醇进行洗涤（洗掉非特异性结合）,中途换液,直至溶液变透明色。

（6）加入 1×PBST 溶液润洗两次,每次 5 min。

（7）显微镜下观察并拍照。

（8）加入 70% 甘油放入−20 ℃冰箱保存。

2. 巨噬细胞的观察：中性红染色

（1）吸管吸取一定数量的实验鱼（一般 30～40 尾）于 6 孔板（或小培养皿）中,吸干水分,加入 2 mL 新鲜 1×PTU/egg water。

（2）按照 1×PTU/egg water：中性红染色液＝400∶1 的比例（体积比）加入染色液,混合均匀,然后盖上盖子放入 28 ℃培养箱中,大约染 3～4 h。

（3）染色完成后,移除染色液,换入新的 1×PTU/egg water。

（4）加入一定量的麻醉剂,将鱼置于载玻片上,于显微镜下观察并拍照。

3. 红细胞的观察

（1）加入麻醉剂将斑马鱼胚胎（胚胎培养于1×PTU/egg water中）麻醉。

（2）将麻醉的斑马鱼胚胎置于显微镜下，可清晰观察到随血液流动的红细胞。

【实验结果】

苏丹黑染色实验中，在显微镜下可观察到粒细胞（主要是中性粒细胞）被染成深黑色（见图31-1）。中性红染色实验中，可以观察到巨噬细胞被染成砖红色（见彩图31-I）。随着心脏的跳动，沿着血流方向可以观察到大量红细胞。

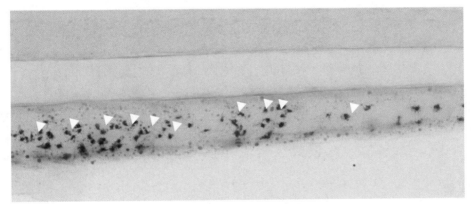

图31-1 ｜ 斑马鱼胚胎尾部截图，苏丹黑染色示粒细胞（黄友葵博士　赠）

【注意事项】

（1）PTU的作用：实验中所使用的PTU，能够抑制黑色素生成和产生，保持斑马鱼透明，便于形态的观察和信号的检测。

（2）洗涤：实验过程中，洗涤非常重要，如苏丹黑染色中，用70%乙醇进行洗涤可以洗脱掉很多非特异性的信号和其他染色较浅的信号，染色较深的中性粒细胞的信号被保留下来。

（3）拍照：鱼的血细胞主要集中在腹侧和头部，拍照时，注意将鱼摆在合适的位置并调焦，使得信号被清晰检测到。

（4）麻醉剂浓度和麻醉时间的选择：麻醉时，麻醉剂的浓度和麻醉时间都比较重要。麻醉时间过长会导致鱼麻醉致死，反之，则麻醉不足，不适宜观察。通常来讲，麻醉后的小鱼须在半个小时内观察完毕，并用卵水润洗两次使之复苏。麻醉剂的配制方法如下：400 mg 麻醉剂粉末，加入97.9 mL 双蒸水，再加约2.1 mL 1 mol/L Tris（pH＝9）即可使溶液pH接近7（母液）。使用时，一般取4.2 mL麻醉剂母液加到约100 mL溶液中。

(5)中性红和苏丹黑母液(购买成品)放4 ℃冰箱保存,中性红试剂在使用时需要现配现用。苏丹黑B贮存液为无水乙醇所配,易挥发,所以容器封闭性能要好,并置4 ℃冰箱保存。苏丹黑B染色液可用1～2个月,如发现沉淀由蓝色变为褐色,则不宜再用。

思考题

(1)活性染料中性红在现阶段还有哪些应用?

(2)通过几种血细胞的观察,试描述并解释粒细胞、巨噬细胞、红细胞的分布差异性。

(3)大脑中枢神经系统小胶质细胞的来源和生物学功能是什么?

【知识拓展】

模式生物斑马鱼的养殖

1. 斑马鱼

斑马鱼是一种生长在热带的小型鲤科硬骨鱼类,因身体上布满类似斑马的深蓝色条纹而得名,又名印度斑马鱼、花条鱼、蓝条鱼、蓝斑马鱼。20世纪80年代美国俄勒冈大学遗传学家George Streisinger最早将斑马鱼作为模式动物应用于生物学研究,1994年斑马鱼被确认为脊椎动物发育生物学研究的模式生物。斑马鱼因具有以下优势而受到广大科研人员的青睐:养殖简便,养殖成本低;性成熟周期短,发育快,繁殖能力强;鱼卵体外受精后同步发育,早期胚胎透明,易于观察和进行遗传操作;斑马鱼与人类的基因相似度高。

2. 斑马鱼的饲养

所有斑马鱼胚胎都由雌雄鱼自然交配而得,并将受精卵培养于卵水中,新生的斑马鱼胚胎为半透明色,死卵通常呈白色,需要用吸管将死卵挑出。受精卵置于28.0 ℃恒温培养箱中孵化,其间每天换液。出生后5 d的幼鱼即可投喂草履虫。出生后12 d左右的幼鱼开始用草履虫和丰年虾混合喂养。待小鱼可全部进食丰年虾时(能吃虾的小鱼腹部呈红色或淡黄色),可转入循环系统饲养。所有的实验动物饲养、操作和使用都遵循国家实验动物的使用和管理指导规则。

斑马鱼从幼鱼期开始(20 dpf,dpf即受精后的天数)饲养于循环水系统(图31-2 A)中,水温

28.0 ℃左右,光/暗周期为14 h/10 h,即8:00亮灯,22:00关灯。每天投喂新鲜孵化的丰年虾3次,每日喂养时间一般为9:00,14:00,18:00。

3. 斑马鱼的交配与产卵

斑马鱼3月龄左右即可性成熟且每周都可进行产卵交配。一般来讲,雌性和雄性斑马鱼需要在产卵前一天晚上进行配对,配鱼方法如下:先在专用繁殖缸中加入1/2左右的系统水,用繁殖挡板将雌雄鱼分开。配鱼专用繁殖缸如图31-2 B所示,以雄鱼:雌鱼=1:1的比例为宜(也可按1:2的比例)。第二天早晨亮灯后即可移开繁殖挡板,雄鱼开始追逐雌鱼并诱导雌鱼排卵,其间雄鱼也会产精,卵细胞在体外受精并沉于缸底,平均每条雌鱼可产卵约200枚/次。交配时间可持续1 h左右,如若需要准确观察斑马鱼胚胎的发育时期或者对早期胚胎进行遗传操作等实验,需要在交配期间每15 min收集一次受精卵(受精卵形态如图31-2 C所示)。

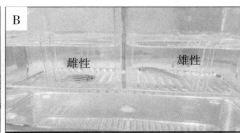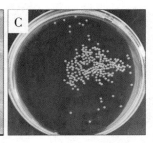

图31-2 ┃ 斑马鱼养殖和繁殖

A. 斑马鱼养殖系统单元;B. 斑马鱼的配对繁殖;C. 交配后的受精卵。

4. 丰年虾、草履虫的培养

(1)丰年虾的孵化。

丰年虾卵为休眠卵,可以在−20 ℃下冻存,也可于4 ℃下保存,具体的孵化条件可参考产品说明书。通常来讲,孵化时按照如下比例混合:1 L纯净水,34 g NaCl,3.5 g丰年虾卵。混合后在28 ℃、通氧条件下孵化24～30 h。收集丰年虾时,须先移去氧气管,沉淀10 min左右使孵化的虾都沉于孵化器底部,虾壳则漂浮在液面上。通过孵化缸底部的出水阀,用滤网收集沉淀的丰年虾。用较细水流的纯净水轻轻冲洗滤网1 min左右,以过滤掉大部分盐分,稀释到合适浓度即可用于投喂。孵化出的丰年虾以红色为宜,未孵化出的虾卵呈灰色沉淀在烧杯底部,可在投喂前用吸管吸出,因为未孵化的虾卵难以被斑马鱼消化,甚至会威胁幼鱼的生命。孵化出的丰年虾若不能及时投喂,可以置于4 ℃保存。

（2）草履虫的饲养。

用 2 000 mL 洗净灭菌的大烧杯,加入 10～20 粒麦粒,1～2 片酵母片,再加入 200 mL 密度较大的草履虫种液,加灭菌蒸馏水至终体积为 1 800 mL,用灭菌的牛皮纸盖上。也可用奶粉替代麦粒和酵母,具体方法如下:将奶粉加入灭菌水中,以水体微微浑浊为宜,然后往烧杯溶液中加入草履虫种液。接种后的培养液于 28 ℃恒温环境中培养 4～7 d。在显微镜下观察估计草履虫的密度,达到较高密度时即可投喂小鱼。

实验32 | 两种特有鱼类消化系统的组织学比较研究

【实验目的】

（1）了解组织学研究的基本方法和意义。

（2）初步掌握鱼类消化系统的组织结构及研究方法。

【实验原理】

消化系统是鱼类能量摄入和能量供应之间的功能纽带，包括消化道与消化腺。

消化道是一条细长的膜质管道，具有较高的表型可塑性，其组织结构研究是研究鱼类食性的有效手段。绝大多数硬骨鱼类消化道由前向后依次为口咽腔、食管、胃、肠道及肛门，部分鱼类无胃。除口咽腔外，鱼类消化道由内而外一般可分为黏膜层、黏膜下层、肌层和浆膜四层。

消化腺是由上皮组织分化而成的结构。鱼类的消化腺包括胰腺和肝脏。胰腺由外分泌部和内分泌部组成，外分泌部基本结构是胰腺腺泡，内分泌部为胰岛。肝脏为实质性器官，因伸入肝实质内的结缔组织少，一般不像高等脊椎动物那样被结缔组织分隔成完整的肝小叶。肝小叶中央静脉的分布较不整齐，肝细胞板往往不规整地排列在中央静脉周围。此外，鱼类的胆囊多数埋藏在肝内，胆汁经肝管系统注入胆囊，由一根胆总管输入肠道。

黄石爬鮡*Euchiloglanis kishinouyei*隶属鲶形目Siluriformes，鮡科Sisoridae，石爬鮡属*Euchiloglanis*，地方名石爬子、石斑鮡。其生活环境、繁殖习性和进化地位特殊，是鳅鮡鱼类中除原鮡外最原始的种类，是研究鱼类进化的重要对象，为典型的肉食性鱼类。

宽体沙鳅*Sinibotia reevesae*隶属鲤形目Cypriniformes，鳅科Cobitidae，沙鳅亚科Botiinae，华鳅属*Sinibotia*，是研究底栖肉食性、产漂流或半漂流性卵鱼类的资源现状、衰竭机制及保护与生态补偿机制的理想模型，为典型的肉食性鱼类。

【实验用品】

1. 主要实验材料

实验室驯养的健康的长江上游特有鱼类黄石爬𩹧和宽体沙鳅各3尾。

2. 主要实验器具

普通光学显微镜、天平、直尺、解剖剪、眼科镊、解剖盘、脱水机、包埋机、展片机、切片机、烘箱、载玻片、盖玻片、擦镜纸等。

3. 主要实验试剂

同实验23-附1。

【方法与步骤】

1. 消化系统的大体解剖

解剖前,先测量体重、全长、体长、头长、眼径和体高。常规解剖:去掉左侧体壁,暴露内脏,然后对消化系统各部分形态特点进行描述、照相。

2. 消化系统的组织结构研究

(1)石蜡装片的制备。

方法参照实验4。

(2)消化道组织结构的观察。

用普通光学显微镜观察。

(3)消化腺组织结构的观察。

用普通光学显微镜观察。

【实验结果】

1. 消化道组织结构的比较观察

(1)口咽腔的组织结构比较。

口咽腔壁由外向内分为黏膜层、黏膜下层和肌肉层。黏膜层为复层扁平上皮组织,内含扁平细胞、黏液细胞、棒状细胞等细胞。黏膜下层较窄,为一层疏松结缔组织。肌肉层发达,由纵向排列的横纹肌纤维构成。

两种特有鱼类口咽腔的组织结构差异主要体现在黏膜层结构上,表现为:

黄石爬鮡黏膜层由外向内分为3层,表层由1~2层扁平细胞及与之相间的棒状细胞组成,中间层由黏液细胞、棒状细胞和多边形细胞组成,基底层由2~3层矮柱状细胞组成。味蕾贯穿于整个黏膜上皮。棒状细胞长椭圆形,经HE染色(苏木精-伊红染色)呈淡粉色,核基位。黏液细胞圆形或梨形,经HE染色细胞呈空泡状,核基位。味蕾呈花蕾状,顶端开口于口咽腔表层,细胞长轴与上皮表面垂直,核长椭圆形,经HE染色呈深紫色,近基位。(见彩图32-Ⅰ A)

宽体沙鳅黏膜层由外向内分为3层,表层由2~5层扁平上皮细胞和与之相间的黏液细胞组成,中层主要由黏液细胞和棒状细胞组成,味蕾贯穿于黏膜层的表层和中层,内层由2~3层多角形细胞组成。黏液细胞圆形、椭圆形或梨形,经HE染色细胞呈空泡状,胞质内或具淡蓝色网状结构,细胞核位于细胞基部。棒状细胞长椭圆形或椭圆形,经HE染色胞质呈红色,核居中或近基部。(见彩图32-Ⅰ B)

(2)食管的组织结构比较观察。

食管由黏膜层、黏膜下层、肌肉层和浆膜四部分组成。黏膜层为复层扁平上皮组织。黏膜下层由疏松结缔组织组成。肌肉层仅见环肌,为横纹肌,肌纤维间有丰富的致密结缔组织纤维伸入。浆膜由薄层结缔组织和间皮组成。

两种特有鱼类食管的组织结构差异主要体现在黏膜层结构上,表现为:

黄石爬鮡食管黏膜层向管腔内表面凸起形成许多纵行褶皱,有(24 ± 1)个,高$(436.42\pm105.36)\mu m$,未见次级褶皱。黏膜层表层为单层扁平上皮组织,中层贯穿杯状细胞和长梭形细胞,杯状细胞2~4层,圆形或椭圆形,底层为排列整齐的矮柱状生发层细胞。在食管黏膜层突起的顶端偶见有味蕾细胞分布。(见彩图32-Ⅱ A)

宽体沙鳅食管黏膜层由表层的单层扁平上皮细胞、表层下的杯状细胞和梭形上皮细胞,及基底层呈矮柱状的生发层细胞组成。黏膜向食管腔突出形成高$(224.67\pm124.43)\mu m$的6~11个黏膜褶皱。杯状细胞2~5层,圆形、椭圆形或梨形。梭形上皮细胞及其核均呈长梭形。食管前部黏膜层有少数味蕾分布。(见彩图32-Ⅱ B)

(3)胃的组织结构比较观察。

胃分为贲门部、盲囊部和幽门部,由内向外依次为黏膜层、黏膜下层、肌肉层和浆膜四部分。黏膜层上皮为单层柱状上皮,无杯状细胞分布,黏膜层向管腔内突起形成许多纵向皱褶。

两种特有鱼类胃的组织结构差异主要体现在以下几个方面:

黄石爬鮡贲门部和盲囊部黏膜层固有膜中含大量单管状胃腺,幽门部无胃腺分布。胃各段黏膜下层由疏松结缔组织组成,厚度由前向后逐渐增加。肌肉层较厚,内环外纵,均为平滑肌,环肌与纵肌间含有脂肪组织、结缔组织、血管及神经组织。环肌在盲囊部最厚,幽门部次之,贲门部最薄。纵肌在贲门部最厚,盲囊部次之,幽门部最薄。(见彩图32-Ⅲ A、B)

宽体沙鳅贲门部固有膜中有胃腺分布,表现为前段胃腺腺泡零星分布,后段最为发达。邻近盲囊部胃腺组织陡然减少至仅1~2层胃腺腺泡。盲囊部和幽门部的固有膜中无胃腺分布。肌肉层中内环肌层发达,外纵肌层由无到有,横切面上由间断分布到连续分布,贲门部肌纤维为横纹肌,盲囊部肌肉层发达,内环外纵,均为平滑肌。幽门部肌肉层由内向外呈纵—环—纵排列。盲囊部与幽门部交界处肌肉组织排列变化明显,幽门部末端与肠交界处的内壁环肌层较厚。(见彩图32-III C、D)

(4)肠道的组织结构比较观察。

肠道各段结构相似,由黏膜层、黏膜下层、肌肉层和浆膜四部分组成。黏膜层上皮为单层柱状上皮,由单层柱状细胞和杯状细胞组成。黏膜下层由疏松结缔组织组成,内含血管和淋巴管。肌肉层由平滑肌组成,内环外纵。

两种特有鱼类肠道的组织结构差异主要体现在以下几个方面:

黄石爬鳅肠黏膜层向肠腔突起形成明显的褶皱,褶皱数量由前肠向后肠依次减少,褶皱高度依次降低。黏膜层上皮柱状细胞高度由前肠向后肠依次增加。杯状细胞数量由前肠向后肠依次增加。肌肉层厚度由前肠向后肠依次增加。(见彩图32-IV A、B、C)

宽体沙鳅黏膜层向肠腔突出形成许多黏膜皱襞,黏膜皱襞中央毛细血管发达。肠前、中、后段黏膜皱襞高度逐渐降低,环肌层厚度逐渐减少,纵肌层厚度先减少后增加,杯状细胞密度逐渐增加。(见彩图32-IV D、E、F)

2. 消化腺组织结构的比较观察

(1)肝脏的组织结构比较观察。

肝脏为实质性器官,最外层为浆膜层,由一层扁平上皮细胞和结缔组织构成。

黄石爬鳅结缔组织伸入肝实质将肝组织分成许多小叶,称为肝小叶。肝小叶中央具中央静脉,肝细胞由中央静脉向四周呈放射状排列形成肝细胞索。肝细胞索间隙为肝血窦。肝细胞排列紧密,呈多边形,细胞核圆球形。(见彩图32-V A)

宽体沙鳅肝脏中结缔组织不发达,由结缔组织伸入肝实质将肝组织分隔而成的肝小叶不明显。肝细胞排列紧密,呈多角形,细胞核单个,圆形或椭圆形。紧密排列的肝细胞形成肝细胞索,两列肝细胞索间为肝血窦。肝细胞索在中央静脉四周呈放射状分布。(见彩图32-V B)

(2)胰腺的组织结构比较观察。

胰腺呈弥散型,分散在消化道之间的系膜上、肝脏和脾脏的周围,或随血管的分支进入肝组织内。两种特有鱼类胰腺组织结构大致相同,其表面覆有薄层结缔组织,可分为外分泌部和内分泌部。外分泌部由腺泡和排泄管组成,腺泡形状不规则,核圆形,近基位。内分泌部为胰岛,散布于外分泌部细胞间。(见彩图32-VI A、B)

【注意事项】

（1）材料固定时须根据材料特点选择合适的固定液。

（2）脱水时间要视材料大小及材料性质而定。脱水时间短，则脱水不彻底；脱水时间长，材料会变脆。

（3）染色时应随时观察染色效果，确保材料完全上色。

思考题

?

（1）拍照记录鱼类消化系统各部分的组织结构并说明其结构特点有哪些。

（2）试分析鱼类消化道组织结构与其食性之间的关系。

参考文献

[1]邹方东,苏都莫日根,王宏英,等.细胞生物学实验指南.3版.北京:高等教育出版社,2020.

[2]王亚男,马丹炜.细胞生物学实验教程.2版.北京:科学出版社,2016.

[3]肖义军,张彦定.细胞生物学实验.北京:科学出版社,2012.

[4]王金发,何炎明,刘兵.细胞生物学实验教程.2版.北京:科学出版社,2011.

[5]安利国,邢维贤.细胞生物学实验教程.3版.北京:科学出版社,2015.

[6]李芬,胡海燕.细胞生物学实验.2版.北京:科学出版社,2015.

[7]韩榕.细胞生物学实验教程.北京:科学出版社,2013.

[8]王波.医学细胞生物学实验指导及习题集.广州:中山大学出版社,2018.

[9]J. S. 博尼费斯农,M. 达索,J. B. 哈特佛德,等.精编细胞生物学实验指南.章静波,等译.北京:科学出版社,2007.

[10]桑建利,谭信.细胞生物学实验指导.北京:科学出版社,2010.

[11]金丽,蒲德永,黄静,等.生物显微技术实验教程.重庆:西南师范大学出版社,2019.

[12] 曾宪录,巴雪青,朱筱娟.细胞生物学实验指导.北京:高等教育出版社,2011.

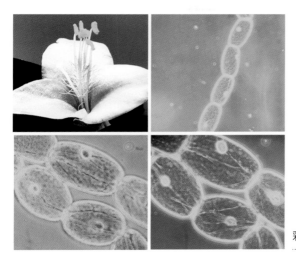

彩图2-Ⅰ ｜ 紫鸭跖草花丝表皮毛细胞的相差显微镜观察结果

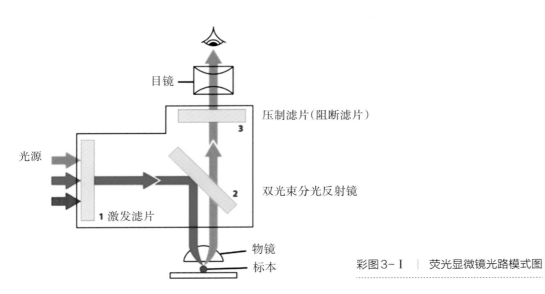

目镜

压制滤片（阻断滤片）

光源

双光束分光反射镜

1 激发滤片

物镜
标本

彩图3-Ⅰ ｜ 荧光显微镜光路模式图

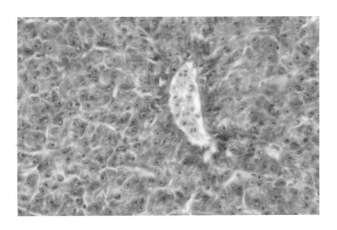

彩图4-Ⅰ ｜ 石爬鮡肝脏组织（石蜡切片法）

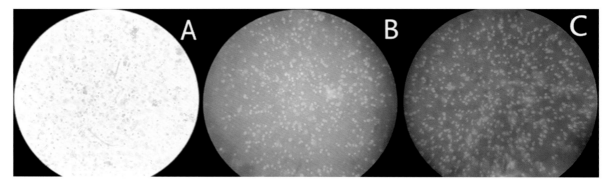

彩图6- Ⅰ ｜ 分离的落葵叶绿体

A.普通光学显微镜下的叶绿体；B.荧光显微镜下叶绿体的自发荧光；C.荧光显微镜下叶绿体经吖啶橙染色后的次生荧光。

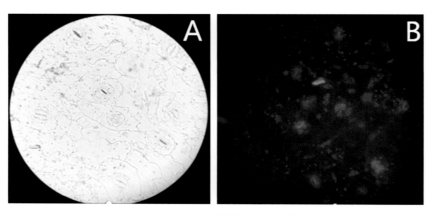

彩图6- Ⅱ ｜ 落葵叶片下表皮细胞叶绿体

A.普通光学显微镜下的叶绿体数量及分布；B.荧光显微镜下叶绿体的自发荧光。

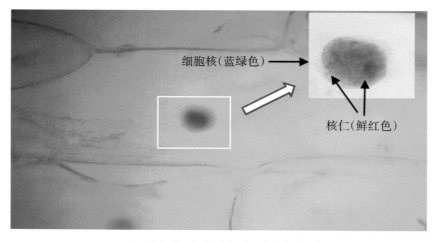

彩图7- Ⅰ ｜ 洋葱鳞茎内表皮细胞甲基绿-派洛宁染色反应

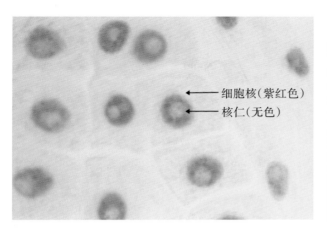

细胞核（紫红色）
核仁（无色）

彩图 8-Ⅰ ｜ 蚕豆根尖细胞 Feulgen 反应

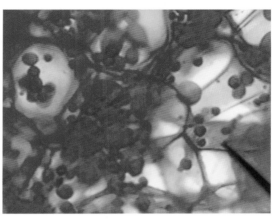

彩图 9-Ⅰ ｜ 马铃薯块茎 PAS 染色反应

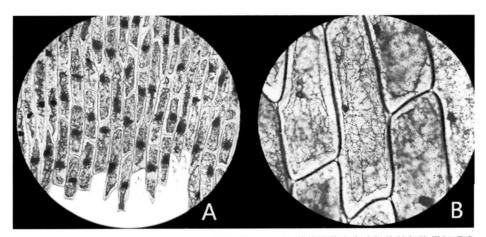

彩图 12-Ⅰ ｜ 洋葱鳞茎内表皮细胞的细胞骨架观察

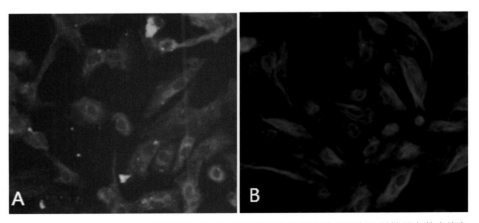

彩图 25-Ⅰ ｜ 小鼠睾丸支持细胞波形蛋白和微管蛋白荧光染色

4

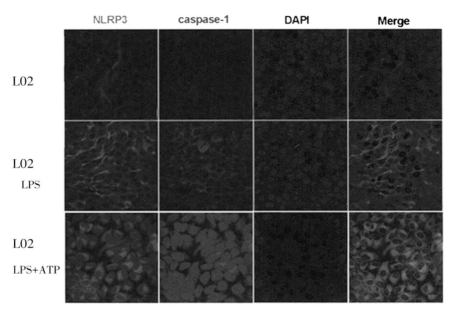

彩图26-Ⅰ | 激光共聚焦显微镜检测L02细胞株中NLRP3炎症小体

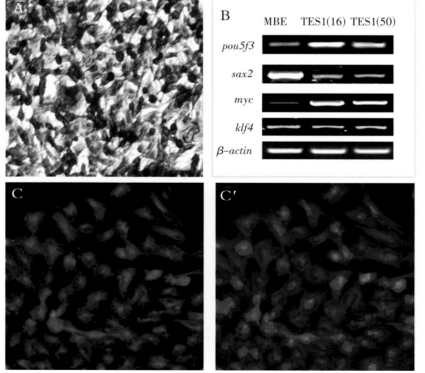

彩图27-Ⅰ | 罗非鱼胚胎干细胞碱性磷酸酶活性和多能性基因表达检测

A.55代细胞表现高碱性磷酸酶活性；B.细胞多能性基因RT-PCR结果，括号内的数字表示体外培养的代数，β-actin作为内参；C.40代细胞抗Pou5f3荧光抗体免疫组化结果；C'.C图和DAPI染色结果（蓝色）合并的图像。

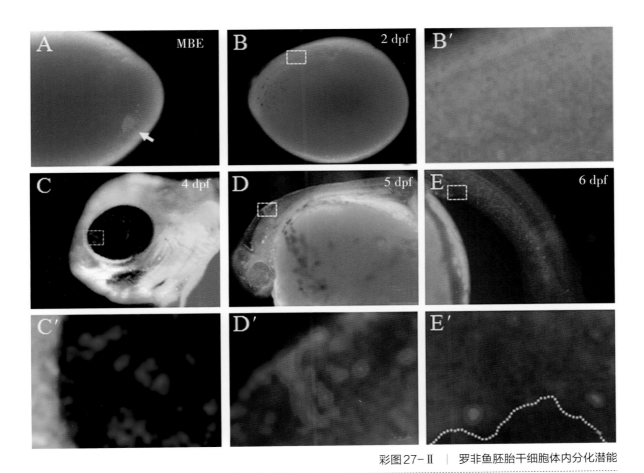

彩图27-Ⅱ | 罗非鱼胚胎干细胞体内分化潜能

A. 移植PKH26标记的体外培养胚胎干细胞进入罗非鱼受体中期囊胚；B至E. PKH26标记的细胞随着胚胎发育在体内的分布；B'至E'. 对应的B至E放大的图像。(dpf:受精后的天数)

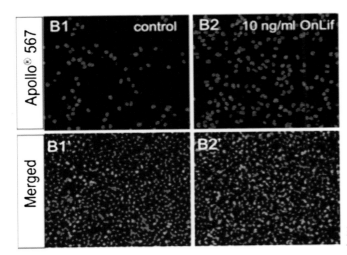

彩图28-Ⅰ | OnLif对TES1细胞增殖活性的影响

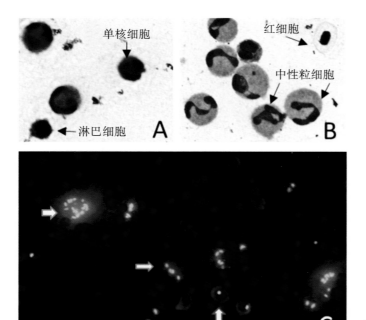

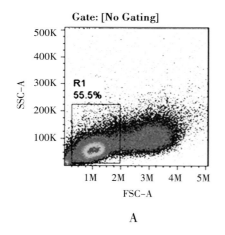
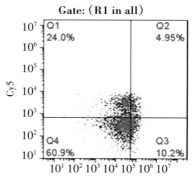

彩图29-Ⅰ ｜ 南方鲇腹腔细胞显微观察

彩图29-Ⅱ ｜ 南方鲇腹腔细胞流式分析

A

B

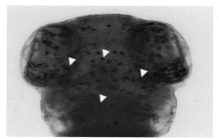

彩图31-Ⅰ ｜ 斑马鱼胚胎中性红活体染色,示巨噬细胞的分布(黄友葵博士 赠)

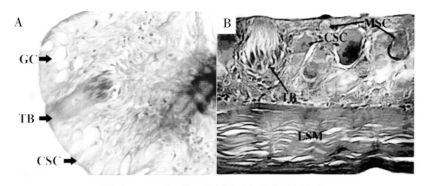

彩图32-Ⅰ ｜ 黄石爬鮡（A）与宽体沙鳅（B）口咽腔的组织结构

（CSC—棒状细胞；GC—杯状细胞；LSM—纵肌层；MSC—黏液细胞；TB—味蕾）

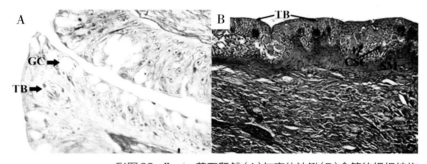

彩图32-Ⅱ ｜ 黄石爬鮡（A）与宽体沙鳅（B）食管的组织结构

（CSC—棒状细胞；GC—杯状细胞；SM—黏膜下层；TB—味蕾）

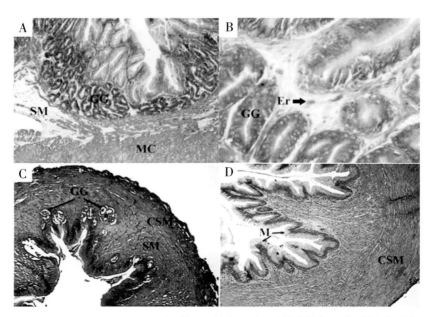

彩图32-Ⅲ ｜ 黄石爬鮡（A、B）与宽体沙鳅（C、D）胃的组织结构

（CSM—环肌层；Er—红细胞；GG—胃腺；SM—黏膜下层；M—黏膜；MC—肌肉层）

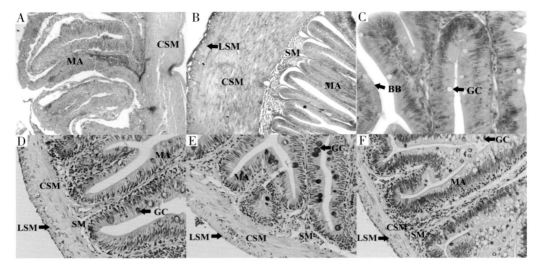

彩图32-IV │ 黄石爬鮡（A、B、C）与宽体沙鳅（D、E、F）肠道的组织结构

（BB—纹状缘；CSM—环肌层；GC—杯状细胞；LSM—纵肌层；SM—黏膜下层；MA—黏膜层）

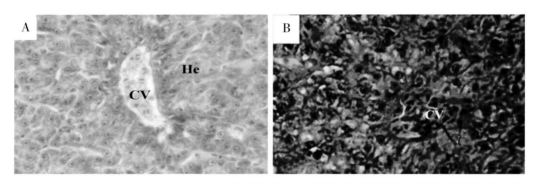

彩图32-V │ 黄石爬鮡（A）与宽体沙鳅（B）肝脏的组织结构

（CV—中央静脉；He—肝细胞）

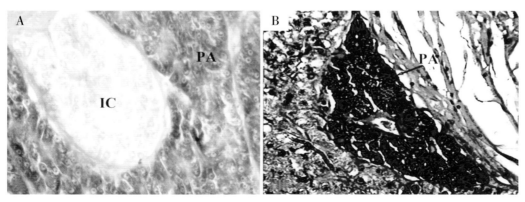

彩图32-VI │ 黄石爬鮡（A）与宽体沙鳅（B）胰腺的组织结构

（IC—胰岛细胞；PA—胰腺泡）